C++语言程序设计

上机实验及学习指导

（第 2 版）

编 著 王珊珊 张志航 张定会 朱玉莲

 南京大学出版社

内容简介

本书是作者编写的另一本理论教材《C++程序设计教程 第3版》(机械工业出版社)的配套教材。既可用作大学各专业学习C++语言的初学者的实践教材,又可用作全国或江苏计算机等级考试二级C++语言的学习和辅导教材。

本书内容丰富,主要包含四部分内容。第一部分为上机实验,包括与理论教材中各章配套的上机实验。第二部分为与理论教材对应的各章精选知识点、例题及解析、练习题。第三部分为课程设计。第四部分为笔试样卷及答案。附录 A 为要求掌握的基本算法,附录 B 为第二部分练习题参考答案。

本书适用于大学本科理工类各专业学习C++程序设计语言的学生,同时也适用于自学C++语言的读者。

图书在版编目(CIP)数据

C++语言程序设计上机实验及学习指导/王珊珊等编著. —2 版. —南京:南京大学出版社,2019.12(2024.1 重印)
ISBN 978 - 7 - 305 - 22736 - 3

Ⅰ. ①C… Ⅱ. ①王… Ⅲ. ①C++语言—程序设计—高等学校—教学参考资料 Ⅳ. ①TP312.8

中国版本图书馆 CIP 数据核字(2019)第 286721 号

出版发行　南京大学出版社
社　　址　南京市汉口路 22 号　　　邮　　编　210093
书　　名　C++语言程序设计上机实验及学习指导(第 2 版)
编　　著　王珊珊　张志航　张定会　朱玉莲
责任编辑　王秉华　蔡文彬　　　　　编辑热线 025 - 83597482
照　　排　南京开卷文化传媒有限公司
印　　刷　广东虎彩云印刷有限公司
开　　本　787 mm×1092 mm　1/16　印张 17　字数 436 千
版　　次　2019 年 12 月第 2 版　2024 年 1 月第 7 次印刷
ISBN 978 - 7 - 305 - 22736 - 3

定　　价　45.00 元
网　　址:http://www.njupco.com
官方微博:http://weibo.com/njupco
微信服务号:njuyuexue
销售咨询热线:(025)83594756

前　言

C++语言是目前广泛使用的程序设计语言,它语法简洁,运行高效,支持面向过程的程序设计,也支持面向对象的程序设计。它是高校理工科各专业学生学习程序设计的一门必修专业课程,同时也是编程人员广泛使用的工具。

本书是作者编写的另一本理论教材《C++程序设计教程 第3版》(机械工业出版社)的配套教材,是在作者总结过去近三十年的教学和编程实践经验的基础上编写而成的。C++程序设计主要包括两个方面的内容:(1)传统面向过程的程序设计,目的是让初学者掌握基本的程序设计知识。(2)面向对象的程序设计,让初学者学习面向对象程序设计的基本概念,为今后学习其他以面向对象为基础的通用软件开发工具如 Java、C♯ 等打下坚实的基础。

本书内容丰富,既可用作大学各专业学习C++语言的初学者的实践教材,又可用作全国或江苏计算机等级考试二级C++语言的学习和辅导教材。本书目前被用作南京航空航天大学本科理工科各专业的程序设计实践教材。

本书主要包含四部分内容:第一部分为上机实验,首先介绍集成开发环境 VS2010,并给出在该环境中开发C++语言程序的过程,然后给出了与理论教材中各章配套的上机实验共十四个。第二部分为各章知识点、例题及解析、练习题,针对各章理论教学的难点和重点,对每个知识点精选例题并做出详尽的解析,在各章的最后给出练习题供同学自行练习,以巩固理论教学内容。第三部分为课程设计,给出课程设计的总体要求,并提供两个课程设计选题。第四部分为考试样卷及答案。教材最后给出的附录 A 为要求掌握的基本算法,附录 B 为本书第二部分练习题参考答案。

本书在教材编写组充分酝酿和讨论的基础上编写而成,第一部分由王珊珊执笔;第二部分第 1~4、14 和 15 章由张志航执笔,第 5 和第 9 章由张定会执笔,第 6~8 章由朱玉莲执笔,第 10~13 章由王珊珊执笔;第三部分由王珊珊、朱玉莲、张志航执笔。全书由王珊珊负责统稿。王珊珊仔细通读了本书,在基本概念以及文字叙述上做了把关。参加本书编写工作的老师还有朱敏、刘佳(女)、钱忠民、刘绍翰、张卓莹、潘梅园。

本书全部内容的建议学时为:上机实验 60 小时、课程设计 16 小时、理论教学 48 学时(内容另行安排)。本书全部例题和习题均在实验环境 VS2010 中通过编译和运行。

本书难免会存在疏漏、不妥和错误之处,恳请专家和广大读者指教和商榷。几位作者的电子邮件为:shshwang@nuaa.edu.cn(王珊珊),zzh20100118@qq.com(张志航),zdh_lg@163.com(张定会),lianyi_1999@nuaa.edu.cn(朱玉莲)。

《C++语言程序设计上机实验及学习指导》教材编写组

2019 年 11 月

目 录

第一部分　上机实验

第二部分　各章知识点、例题及解析、练习题

第三部分　C++语言课程设计

第四部分　笔试样卷及答案

第一部分

上 机 实 验

一、上机环境介绍

1. VS2010 集成环境和程序开发过程简介

VS2010 中集成了编辑器、编译器、连接器以及程序调试环境,覆盖了开发应用程序的整个过程,用户在这个环境中可以开发出完整的应用程序。

程序开发的一般步骤是:输入源程序文件(即编辑)、编译、连接、运行、调试和修改,如图 1-1 所示。

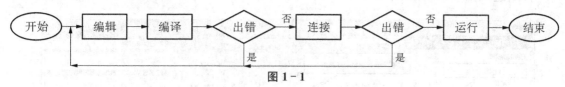

图 1-1

上图最后一步,若运行出错,需要调试和修改程序。

上机实验步骤如下:

1. 建立文件夹,存放自己的实验内容

一般来说,机房 D 盘开放给同学使用,为了防止病毒,D 盘当天晚上 12 点清空。在开发程序之前,在 D 盘建立一个以自己的学号姓名为名字的文件夹,如"051910199 张三",用于存放本次实验内容。

2. 启动 VS2010 应用程序

可用下页所述两种方法之一,启动后界面如图 1-2 所示。

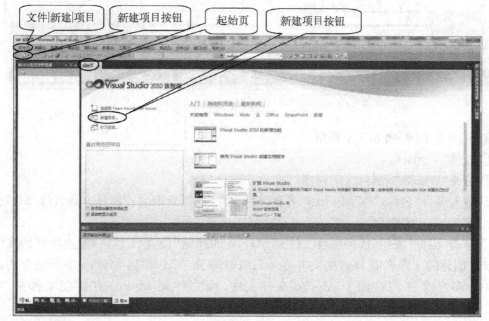

图 1-2

(1) 双击桌面应用程序图标 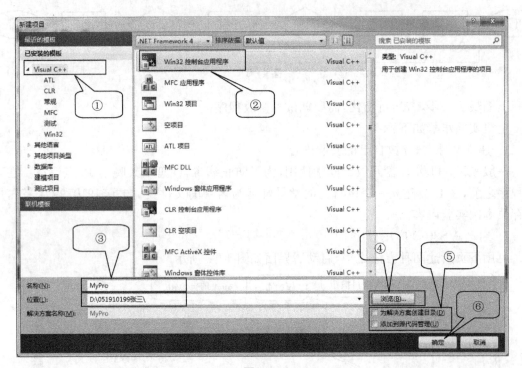 启动。根据机房设置,此图标可能在桌面某个子文件夹中,比如在"应用程序"子文件夹中。

(2) 从任务栏"开始"菜单,找到"Microsoft Visual Studio 2010"应用程序,启动之。

3. 通过 VS2010 项目管理,开发C++语言控制台程序的过程

在图 1-2 中,可以通过下述四种方法之一,启动新建项目:

① "文件"菜单|"新建"|"项目"。

② 工具栏上的"新建项目"按钮。

③ 起始页上的"新建项目"按钮。

④ 快捷键 Ctrl+Shift+N。

然后进入图 1-3 所示界面。

图 1-3

在图 1-3 中,按照如下步骤做:

① 选择"Visual C++"。

② 选择"Win32 控制台应用程序"。

③ 输入项目"名称(N)"MyPro,"名称"根据自己的需要取名,"项目方案名称(M)"会随着项目"名称(N)"而变化。

④ 单击"浏览"按钮,选择项目文件夹 MyPro 的存储"位置(L)",一般选择开始实验时第 1 步已创建的文件夹即 D 盘的文件夹"051910199 张三"。项目 MyPro 中所包含的跟项目有关的多个文件均存储于 MyPro 文件夹中,而文件夹 MyPro 存储在文件夹"D:\051910199 张三"中。

⑤ 取消勾选"为解决方案创建目录""添加到源代码管理",即把前面方形勾选项取消。

⑥ 按"确定"按钮,进入图1-4。

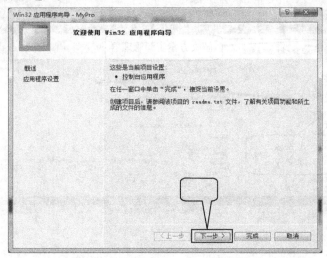

图 1-4

单击图1-4中的"下一步"按钮,进入图1-5。

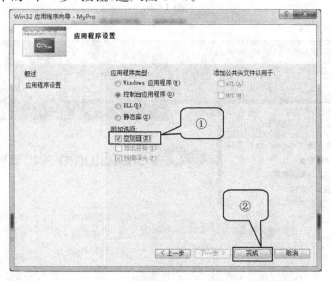

图 1-5

在图1-5中,①勾选"空项目",②点击"完成"按钮,进入图1-6。

在图1-6窗口左上角的"解决方案资源管理器"中,可以看到已生成的项目解决方案MyPro,初始时该项目是空的,需要给项目添加源程序。右击"源文件"可添加.cpp源文件,右击"头文件"可添加.h头文件(现在暂时不考虑头文件,后续章节会使用)。

如图1-7所示,右击"源文件"选择"添加""新建项",进入图1-8。

在图1-8中,① 选择"代码"。② 选择"C++文件(.cpp)"。注意若此步选择下一行"头文件(.h)",则创建头文件。③ 输入C++源程序名ex0101,表示创建实验一第1题的源程序,因默认扩展名是.cpp,所以完整的源文件名是ex0101.cpp。源文件的存储"位置(L)"默认在文件夹"D:\051910199 张三\MyPro"中。④ 点击"浏览"按钮改变源文件的存储位置,

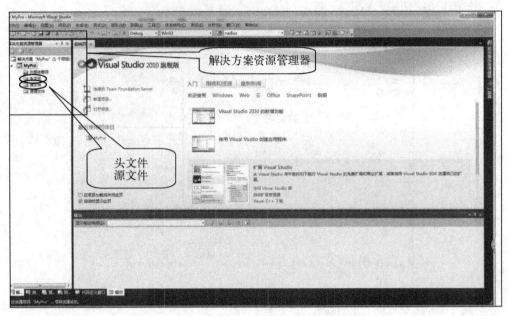

图 1-6

图 1-7

把所有的源文件都存储在"D：\051910199 张三"中,这样便于完成实验后上交作业或拷贝"带走"源程序。⑤ 点击"添加"按钮,进入图 1-9。

　　在图 1-9 中,观察,"项目方案资源管理器"的"源文件"下有源程序"ex0101.cpp",现在可在"源程序编辑窗口"中输入如图 1-9 中所示的源程序(注意该窗口标题也是 ex0101. cpp),然后执行菜单"生成(B)"中的"生成解决方案(B)(快捷键 F7)"或"重新生成解决方案(R)(快捷键 Ctrl+Alt+F7)"命令,产生可执行程序,最后执行程序,即执行菜单"调试(D)"中的"开始执行(不调试)(H)(快捷键 Ctrl+F5)"命令,程序执行结果如图 1-10 所示,该图背景及文字颜色已调整,实际上背景是黑色、文字是白色。可按任意键关闭该窗口。

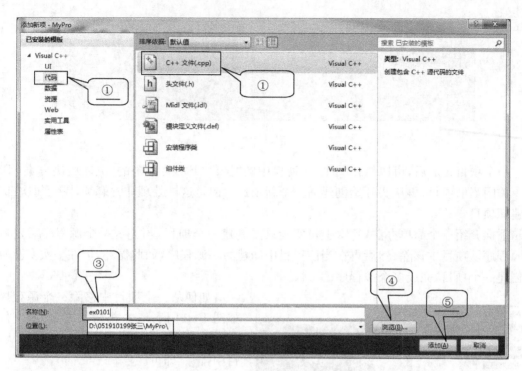

图 1-8

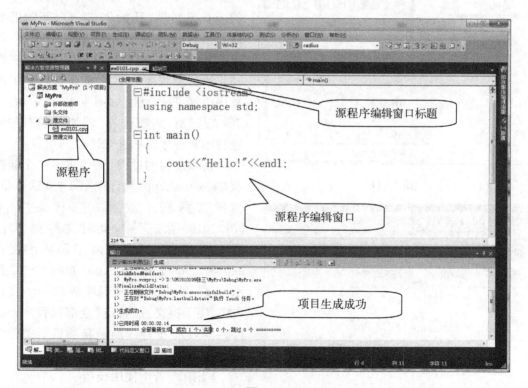

图 1-9

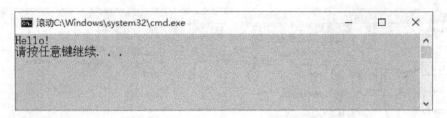

图 1-10

一个项目完成后,可以执行图1-9窗口中的"文件(F)"菜单中的"关闭解决方案(T)"命令关闭当前项目,再从头开始创建另一个新项目。但是这样处理非常麻烦,因为每次都要创建新项目。

下面介绍一个简单办法,每次上机实验只需创建一个项目,当完成一个源程序后,将当前源程序从项目中移除,然后再在当前项目中新建另一源程序,如此循环,可在一次实验时,仅创建一个项目,完成多个源程序。

图 1-11

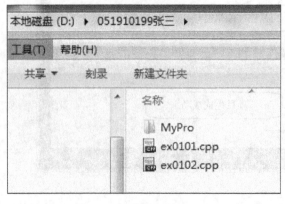

图 1-12

如何从一个项目中移除一个源程序,如图1-11所示:右击解决方案"源文件"下的源程序名,如ex0101.cpp,选择"从项目中排除"即可。

然后,可以从图1-6开始,在一个"空"的项目中,右击"源文件"添加一个新的.cpp源文件,开始创建一个新的源程序。当然,对以前已经做好的源程序,如果需要修改,也可以将当前项目清空(即移除所有源程序)后,再重新将以前的源程序添加进来,此时如图1-7所示,右击"源文件"时,需要选择"添加""现有项",选择已有程序添加进来即可。

仿照前面的过程,又创建了一个新源程序ex0102.cpp,并且在图1-8这一步,选择将源程序放置在文件夹"D:\051910199 张三"中,此时文件夹"D:\051910199 张三"中有两个源程序文件ex0101.cpp 和 ex0102.cpp,如图1-12所示。将一次实验的源程序放在一个文件夹中,便于提交或"带走"全部源程序。文件夹 MyPro 中存放的是与项目相关的多个文件,可以暂时不用关心。

VS2010 若干使用技巧:

(1) 公共机房开发的源程序"带走"

后,下次再来修改,可以先建立一个项目,然后依次添加、排除需要修改的源程序进行修改。注意,公共机房开放给学生使用的 D 盘,一般每天都是清空的,即第 1 天在 D 盘保存的文件,第 2 天就没有了,所以必须备份自己的程序。下次来上机,需要重新建立项目。

(2)"起始页"中的内容如图 1-13 所示,可以新建、打开项目,可以打开最近使用的项目。使用"视图"菜单"起始页"命令,可以打开和关闭起始页的显示。如果想让起始页始终存在,可以取消勾选"设置"中的"在项目加载后关闭此页"。

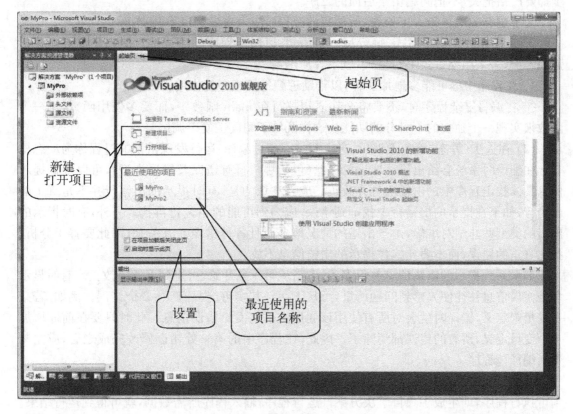

图 1-13

(3) 如果不是在公共机房,而是使用自己的电脑开发程序,已建立的项目下次开机后可以直接打开,方法有两个:① 在"起始页"上点击最近使用的项目名称,如 MyPro;② 在"文件"菜单的"最近使用的项目和解决方案"中选择打开。

2. VS2010 程序调试

程序的开发步骤是:输入源程序、编译、连接、运行,编译连接阶段如果出错,需要修改错误,直至将一个完整、正确的程序设计出来。程序调试是指对程序的查错和排错工作。

程序的错误一般分为语法错误和逻辑错误两种。编译时出现的错误一般是语法错误,可根据编译时给出的"出错信息",判断出现错误语句的位置。逻辑错误一般指程序算法流程设计和处理上的错误,程序运行结果不正确一般是程序逻辑错误造成的,所以需要根据算法流程来查找出错原因,这不是一件简单的事情,要求对算法的各个环节以及实现算法的各条语句有一个全面充分的认识,才能找出原因。程序的运行时错误,往往是由于程序对系统资源的使用不当造成的,一般是由程序的逻辑错误引起的。注意,一般地,编译只能查出语法错误,而程序的逻辑错误在编译阶段无法查出,一般只有当运行出错时,才会去查逻辑错。

调试程序一般经过以下几个步骤:

(1) 首先进行人工检查,即静态检查。作为一个程序员应当养成严谨的科学作风,每一步都要严格把关,不把问题留给后面的工序。

为了更有效地进行人工检查,所编写的源程序应力求做到以下几点:

① 采用缩进式书写格式,每行写一条语句,以增强程序的可读性。例如复合语句花括弧的匹配,若采用缩进式书写格式,就不容易出错。

② 在程序中尽可能多地加注释,以帮助理解每段程序的作用。

③ 在编写复杂程序时,不要将全部语句都写在 main 函数中,而要多使用函数,用一个函数来实现一个独立的不可分的功能。这样既易于阅读也便于调试。

(2) 在人工(静态)检查无误后,进入调试。通过编译、运行发现错误的过程称为动态检查。在编译时系统会给出语法错误的信息(包括哪一行有错以及错误类型),可以根据提示信息具体找出程序中的出错之处并改正。应当注意的是:有时提示的出错行并不是真正的出错行,如果在提示的出错行中找不到错误,应当到可能的相关行再找。另外,有时提示的出错的类型并非绝对准确,由于出错的情况繁多而且各种错误互有关联,因此要善于分析,找出真正的错误,而不要死抱住提示的出错信息不放。

如果系统提示的出错信息有很多条,应当从第一条开始,由上到下逐一改正。有时显示多条错误信息往往使人感到问题严重,无从下手。其实可能只有 1~2 个错误。例如,若某一变量未定义,编译时就会对所有使用该变量的语句发出错误信息。此时只要在前面增加一个变量定义,所有的错误都消除了。因此,在程序中的第一处错误修改完成之后,应立刻重新编译该程序。

(3) 在改正语法错误(包括"错误 error"和"警告 warning")后,程序经过连接(link)就得到可执行程序,即生成了项目解决方案。运行程序,输入程序所需数据,就可得到运行结果。运行时如果出现"运行时错误",则应着重查找程序中的逻辑错误。

在查找错误时,应该对运行结果进行认真分析,判断是否符合题目要求。有的初学者看到针对一组数据输出了正确结果,就认为程序没有问题了,不作认真分析,这是危险的。有时程序比较复杂,难以根据一组数据判断结果是否正确,因为有可能针对另外一组数据程序的运行结果就不对了。所以应事先设计好一批全面的"实验数据(测试数据)",以验证在各种情况下程序的正确性。

事实上,当程序复杂时,很难把所有可能的数据方案全部都输入测试一遍,选择典型数据即可。

若程序的运行结果不对,大多属于逻辑错误。对这类错误往往需要仔细检查和分析程序逻辑才能发现。可以采用以下方法:

① 先检查流程图有无错误,即算法有无问题,如有错则改正之,接着修改程序。将程序与流程图(或伪代码)仔细对照,如果流程图正确,程序的错误会很容易发现。

② 采取"分段检查"的方法。在程序不同的位置加入几个输出（cout）语句，输出有关变量的值，逐段往下检查。直到找到在某段中的变量值不正确为止。这时就把错误局限在这一段中了。不断缩小"查错区"，就可能发现错误所在位置。

下面以一个具体实例，给大家介绍与"分段检查"法类似的简单的程序调试方法。

在学习了函数和数组后，程序变得越来越复杂了，这时可使用 VS2010 提供的强有力的调试工具，跟踪程序的执行找出程序中的错误。

下列程序的功能是：输入数组的 5 个元素值，将数组元素逆序存储后输出。

```cpp
# include < iostream >
using namespace std;

void reverse( int a[], int n)
{   int t,i,j;
    for(i = 0, j = n-1; i<j; i++, j-- )
    {   t = a[i];
        a[i] = a[j];
        a[j] = t;
    }
}
int main()
{   int a[5], i;
    cout <<"Please input 5 elements: ";
    for(i = 0; i<5; i++ )
        cin >> a[i];                //A
    reverse(a,5);                   //B
    for(i = 0; i<5; i++ )           //C
        cout << a[i]<<" ";
    cout << endl;
    return 0;
}
```

输入以上程序并生成项目解决方案后，按 F10 键，启动并进入调试状态，界面如图 1-14 所示，图中程序左侧有一个黄色的向右的箭头，表示当前正在执行的语句，每按一次 F10 键（F10 可实现**单步跟踪执行**），执行一条语句。在执行过程中，把鼠标放在某个变量名上可观察变量的当前值。假定本程序运行时输入的数组 5 个元素值是 1、2、3、4、5，如图 1-14 所示，若将鼠标放在数组名上并单击下面的"+"号，则可观察数组全部元素的值。又如，若将鼠标放在变量 i 上，可以观察 i 的值。同时在下面的"自动窗口"中也可以观察数组元素和变量的值。在调试过程中，可以随时结束调试，方法是执行"调试"菜单"停止调试"命令（或按快捷键 Shift+F5）。

在调试阶段，各常用快捷键及功能如表 1-1 所示：

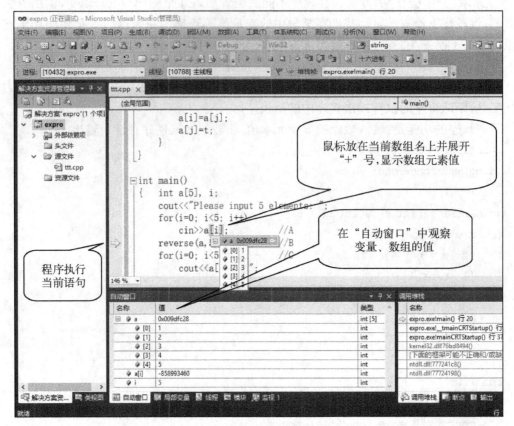

图 1-14

表 1-1　常用调试快捷键及功能

快捷键	功能	菜单命令
F10	单步跟踪执行,不进入被调用函数	调试|逐过程
F11	单步跟踪执行,进入被调用函数	调试|逐语句
Shift+F5	退出调试状态	调试|停止调试
F5	执行到下一个断点处	调试|启动调试/继续
F9	在光标所在行设置/取消断点	调试|切换断点

在图 1-14 中,调试上述程序时,按一次 F10 键,执行一条语句,当执行到 A 行时,无法继续执行,因为程序等待输入数据,可以在 Windows 的任务栏中切换到程序的数据输入窗口,在提示信息"Please input 5 elements:"后输入 5 个任意数据,例如输入 1 2 3 4 5,按<回 车>键后,再从任务栏回到程序调试窗口。当执行到 B 行,遇到 reverse()函数调用语句时,如果不想跟踪进入被调函数,则按 F10 键(被调函数一次执行完毕),如果想跟踪进入被调函数,则按一次 F11 键,进入被调函数后再按 F10 键单步跟踪执行。

在调试程序时,有时感觉程序的某些部分不需要单步执行,例如循环输入数组元素时,或者已经确认一段程序是正确的,此时可以在程序的某处设置一个断点,让程序跳过不需要单步跟踪的部分，一次性执行到断点处，再观察程序执行到断点处各变量的变化情况。

设置、取消断点的方法是，在光标所在当前行按 F9 键，F9 是一个开关键，按一次设置，再按一次取消。若将某行设置为断点，则此行的左边出现一个棕红色的圆点，取消断点后，棕红色圆点消失。若程序中设置了断点，可以按 F5 键将程序运行到第一个断点处，暂停，等待调试的下一动作，程序员观察完毕，可以继续按 F5 键执行到下一断点，也可以按 F10 键继续单步执行。

例如，调试上述程序时，可在 B 行和 C 行分别设置第 1 个和第 2 个断点。按 F5 键开始调试，程序执行到第 1 个断点（期间需要输入数据）处暂停，程序员观察 a 数组中的值，然后按 F5 键，执行到第 2 个断点处，再次观察 a 数组中的值，以确认 reverse( ) 函数是否执行正确。

再次提醒，在调试过程中，可以随时结束调试，方法是执行"调试"菜单"停止调试"命令（或按快捷键 Shift＋F5）。

二、上机实验内容

上机实验总的目的和要求

目的:

(1) 熟悉 VS2010 程序开发集成环境,掌握C++语言程序的开发步骤。

(2) 通过多次上机实习,加深对课堂教学内容的理解。

(3) 学会上机调试程序。

要求:

(1) 每次上机前复习课堂上讲过的内容,预习实验内容。对于实验内容的每一题,以书面形式编写好程序,人工检查无误后才能上机,以提高上机效率。书面编写的程序应以缩进式书写风格书写整齐。编程时,思路要放开,应尽可能用多种算法实现。

程序缩进式的书写风格,基本要求如下(教材中和学习指导中部分内容没有按照这个格式书写是为了节省版面):

① 每行写一条语句;

② #include 和 main 之间空一行;

③ main 下一行的行首输入开花括号后立刻输入回车键;

④ 变量定义语句和可执行语句之间空一行;

⑤ 函数之间空一行;

⑥ 同一层次的缩进,开花括号和闭花括号要在同一列上;

⑦ 变量定义语句,如 int x, y, z;每个逗号之后、下一个变量之前空一格。

(2) 上机实习时应独立思考,刚开始上机时,对于一些编译错误,若自己解决不了,可请老师帮助解决。随着上机次数的增加,同学对编译出错信息等应该有意识地做一些积累,达到能独立调试程序的目的。

(3) 每次上机结束后,应将程序按照教师指定的方法提交,并整理出实验报告,内容包括:题目及源程序清单。同学可准备一个笔记本或活页夹,将每次上机实验通过的源程序记录于此本中,以备复习或与别的同学交流算法。另外也需要准备一个 U 盘,用于保存源程序。

(4) 本书包含 14 个实验,可在 U 盘上建立文件夹"C++语言实验程序",并在其下建立 14 个子文件夹,每个子文件夹中保存相应实验的源程序及数据文件清单。文件夹结构如下:

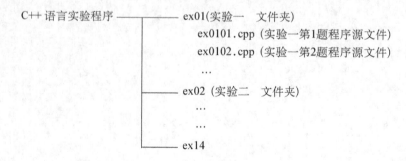

```
C++语言实验程序 ———————— ex01(实验一 文件夹)
                              ex0101.cpp (实验一第1题程序源文件)
                              ex0102.cpp (实验一第2题程序源文件)
                              …
                 ———————— ex02 (实验二 文件夹)
                              …
                              …
                 ———————— ex14
```

例如：实验一中的程序存放在 ex01 子文件夹中，各题的源程序名按题号分别是 ex0101.cpp、ex0102.cpp、ex0103.cpp、ex0104.cpp 等等，其余实验依此类推。

实验一　VS2010 运行环境和运行多个C++程序的方法

一、目的要求

1. 掌握最简单C++语言程序的生成方法与步骤。
2. 熟悉 VS2010 集成环境及编辑、编译、连接操作。
3. 了解C++面向过程部分程序的基本结构。

二、实验内容

注意：每次上机时，在编写程序之前，为防止病毒传染，请同学首先清理工作盘 D 盘（可快速格式化）。然后在 D 盘建立文件夹，用于将当次实验所做的项目及源程序存于该文件夹下。文件夹的命名为学生自己的学号、姓名以及上机周数（亦可按照自己的任课教师指定的方法），如"031910899 张三 01 周"，以后每次上机实验均照此办理。

请按照上机实验第一部分"上机环境介绍"中的步骤建立项目并添加源程序，生成项目解决方案，并运行程序。源程序的命名按照一定的规则，建议的规则是"ex 实验号题目号.cpp"，实验号和题目号各占 2 位，例如 ex0101.cpp 表示实验一第 1 题，ex0706.cpp 表示实验七第 6 题。

1. 输入并运行如下程序，源程序文件名为 ex0101.cpp。

```
#include <iostream> //ex0101.cpp
using namespace std;

int main()
{
    cout <<"C++ programming is powerful!\n";
    return 0;
}
```

提示：生项目解决方案和运行程序可以用菜单实现，也可以用下面的快捷键：

（1）生项目解决方案：Ctrl+Alt+F7

（2）开始执行不调试：Ctrl+F5

（3）保存源程序：Ctrl+s

2. 输入并运行以下程序，源程序文件名为 ex0102.cpp，注意本程序需要输入数据。

```
#include <iostream> //ex0102.cpp
using namespace std;

int main() //求两个正数的和
```

```cpp
{
    int i, j, sum;

    cout <<"请输入两个正数:\n";
    cin >> i >> j;
    sum = i+j;
    cout <<"sum = "<< sum << '\n';
    return 0;
}
```

3. 利用求两数较大者的函数求两个整数中的最大数,源程序(ex0103.cpp)如下:

```cpp
#include < iostream >  //ex0103.cpp
using namespace std;

int main()
{
    int a, b, c;
    int max(int, int);  //函数原型声明

    cout <<"请输入两个整数:\n";
    cin >> a >> b;
    c = max(a, b);          //函数调用
    cout <<"max = "<< c << '\n';
    return 0;
}
int max(int x, int y)  //函数定义,求 x 和 y 的较大值
{
    int z;

    if(x>y) z = x;
    else z = y;
    return z;
}
```

运行程序,任意输入两个整数验证程序的正确性。

4. 将上一题源程序复制到本程序中,对程序做如下调整(观察两个程序的异同):

```cpp
#include < iostream >  //ex0104.cpp
using namespace std;

int max(int x, int y)  //函数定义,求 x 和 y 的较大值
{
```

```
    int z;

    if(x>y) z = x;
    else z = y;
    return z;
}
int main()
{
    int a, b, c;        //注意:函数定义在函数调用之前,不需要函数原型声明

    cout <<"请输入两个整数:\ n";
    cin >> a >> b;
    c = max(a, b);      //函数调用
    cout <<"max = "<< c << '\ n';
    return 0;
}
```

运行程序,任意输入两个整数验证程序的正确性。

实验二　数据类型、运算符和表达式

一、目的要求

1. 熟悉C++基本数据类型以及不同类型常量、变量的定义和使用。
2. 学习运算符和表达式的使用,特别注意自加(++)和自减(--)运算符的使用。
3. 掌握各种类型的数据混合运算时,类型的自动转换规则。
4. 掌握顺序结构程序设计的概念。

二、实验内容

上机前首先人工分析运行结果,再上机运行验证。
1. 运行以下程序。首先人工计算输出结果,与实际的输出结果比较,若不同找出原因。

```
# include < iostream >
using namespace std;

int main()
{
    int a = 7, b, c, d;
    float x = 5.2;

    b = 5>14 || x<2.5;
```

```cpp
        cout << b << '\n';
        b = ! (a<x);
        cout << b << '\n';
        c = 'a' + 5;
        cout << c << '\n';
        b = x + a % 3 + x /2;
        cout << b << '\n';
        d = '\ 24' + 20;
        cout << d << '\n';
        c = a /2 * 2;
        cout << c << '\n';
        return 0;
}
```

2. 运行以下程序。首先人工计算输出结果,与实际的输出结果比较,若不同找出原因。

```cpp
# include < iostream >
using namespace std;

int main()
{
        cout << 5 + 7 /3 * 4 << '\n';
        cout << 23. 5 + 9 /5 + 0. 5 << '\n';
        cout << 8 + 2 * 9 /2 << '\n';
        cout << 'a' + 23 << '\n';
        return 0;
}
```

3. 运行以下程序。首先人工计算输出结果,与实际的输出结果比较,若不同找出原因。

(1) 源程序名 ex0203_1.cpp

```cpp
# include < iostream >
using namespace std;

int main()
{
        int m = 10, n = 8, a;

        a = m-- + n++;    //注意最中间的 + 号前后都有一个空格
        cout << a << '\n';
        return 0;
}
```

(2) 源程序名 ex0203_2.cpp

```
#include <iostream>
using namespace std;

int main()
{
    int m = 10, n = 8, b;

    b = m++  + ++n;    //注意最中间的＋号前后都有一个空格
    cout << b << '\n';
    return 0;
}
```

（3）源程序名 ex0203_3.cpp

```
#include <iostream>
using namespace std;

int main()
{
    int m = 10, n = 8, c;

    c = ++m + --n;    //注意最中间的＋号前后都有一个空格
    cout << c << '\n';
    return 0;
}
```

4. 自行编写程序，验证以下各表达式的值。提示：可以编写四个程序也可以在一个程序中完成。

设有变量说明：int a = 3, b = 4, c = 5;计算并输出下列各表达式的值：

（1）a + b>c && b == c　　　　　　　（2）a || b + c && b>c

（3）!a || !c || b　　　　　　　　　　（4）a * b && c + a

5. 自行编写程序，验证以下各表达式运算后，各变量的值。要求：在一个程序中完成。

设 a＝6,b＝7,指出下列表达式运算后 a、b、c、d 的值。

要求每个表达式在运算前，a 和 b 的初值都是 6 和 7。

提示：变量是可变的，每个表达式计算后 a、b 的值都有可能改变。

（1）a * = a * = b　　　（2）c = b /= a　　　（3）a + = b - = a

（4）a + = b + = a * = b　　（5）c = a + = b + = a　　（6）d = (c = a /b + 15)

6. 自行编写程序，验证以下各表达式运算后，各变量的值。

设 a、b 和 c 的初值分别为 5、8 和 9,指出运算下列表达式后 x、y 和 z 的值。

要求每个表达式在运算前，a、b 和 c 的初值都是 5、8 和 9。

提示：变量是可变的，每个表达式计算后 a、b、c 的值都有可能改变。

（1）y = (a + b, c + a)　　　　　　　　（2）y = (x = a * b, x + x, x * x)

(3) x = y = a, z = a + b   (4) x = (y = a, z = a + b)

7. 自行编写程序,验证以下各表达式运算后,各变量的值。

设 a、b 和 c 的值分别为 15、18 和 21,指出运算下列表达式后 x、y、a、b 和 c 的值。

要求每个表达式在运算前,a、b 和 c 的初值都是 15、18 和 21。

(1) x = a < b || c++   (2) y = a > b && c++

(3) x = a + b > c && c++   (4) y = a || b++ || c++

8. 自行编写程序,验证以下各表达式运算后,各变量的值。

设变量说明为:float x, y;   int a, b;指出运算下列表达式后 x、y、a 和 b 的值。

(1) x = a = 7.873   (2) a = x = 7.873

(3) x = a = y = 7.873   (4) b = x = (a = 25, 15 / 2.)

9. 输入并运行以下程序。首先人工计算输出结果,与实际的输出结果比较,若不同,请找出原因。

```cpp
#include < iostream >
using namespace std;

int main()
{
    char c1 = 250, c2 = 18;
    unsigned char c3 = 250, c4 = 256;
    int x = c1, y = c3;

    cout << int(c1) << '\t' << int(c2) << '\t'
        << int(c3) << '\t' << int(c4) << '\n';
    cout << x << '\t' << y << '\n';
    return 0;
}
```

实验三　简单的输入输出

一、目的要求

1. 掌握标准输入流 cin 和标准输出流 cout 的使用方法。
2. 掌握各种类型数据的输入输出方法,并能掌握简单的格式控制符的使用方法。

二、实验内容

1. 三次运行下面的程序,分别输入:

(1) 'a'　'b'　'c' <回车>(阴影部分为一个空格)

(2) abc <回车>

(3) a　b　c <回车>(阴影部分为一个空格)

问每种情况下 c1、c2、c3 的获取的值分别是什么？请运行程序，观察输出，加以验证。

```cpp
#include <iostream>
using namespace std;

int main()
{
    char c1, c2, c3;

    cin >> c1 >> c2 >> c3;
    cout << c1 << '\t' << c2 << '\t' << c3 << endl;
    return 0;
}
```

2. 下面的程序输出结果是什么？首先进行人工分析，然后运行程序加以验证。

```cpp
#include <iostream>
using namespace std;

int main()
{
    cout << 3 + 'a' << '\t' << 'a' + 2 << endl;
    cout << 'a' << endl;
    return 0;
}
```

3. 设有语句：

```cpp
int a, b, c;
cin >> hex >> a >> oct >> b >> dec >> c;
```

若在其执行过程中输入：<u>12 12 12</u><u>回车</u>，那么在执行 cin 后，a、b、c 的十进制值分别是什么？试编写程序并上机验证。提示：输出 a、b、c 的值，然后分析原因。

4. 分析下面程序的输出结果，并请上机验证。

```cpp
#include <iostream>
using namespace std;

int main()
{
    int x, y, z;

    x = y = z = 256;
    cout << x << '\t' << oct << y << '\t' << hex << z << endl;
    return 0;
}
```

5. 分析下面程序的输出结果,并请上机验证。

```cpp
#include <iostream>
using namespace std;

int main()
{
    float x, y;
    int a, b;

    x = 3.1415;
    a = y = b = x;
    cout << a << '\t' << b << '\t' << x << '\t' << y << endl;
    return 0;
}
```

6. 首先分析下面程序的输出结果,然后上机验证。

```cpp
#include <iostream>
using namespace std;

int main()
{
    int a;
    a = 7 * 2 + - 3 % 5 - 4 / 3;

    float b;
    b = 510 + 3.2e3 - 5.6 / 0.03;
    cout << a << '\t' << b << endl;

    int m = 3, n = 4;
    a = m++ - - - n;
    cout << a << '\t' << m << '\t' << n << endl;
    return 0;
}
```

7. 首先分析下面程序的输出结果,然后上机验证。

```cpp
#include <iostream>
using namespace std;

int main()
{
    char x = 'm', y = 'n';
```

```
    int n;

    n = x<y;
    cout << n << endl;
    n = x == y - 1;
    cout << n << endl;
    n = ('y'!= 'Y') + (5>3) + (y - x == 1);
    cout << n << endl;
    return 0;
}
```

8. 首先分析下面程序的输出结果,然后上机验证。

```
#include < iostream >
using namespace std;

int main()
{
    int x , y, z;

    x = y = z = 1;
    --x&&++y&&++z;
    cout << x << '\t' << y << '\t' << z << endl;
    ++x&&y-- ||++z;
    cout << x << '\t' << y << '\t' << z << endl;
    return 0;
}
```

9. 首先分析下面程序的输出结果,然后上机验证。

```
#include < iostream >
using namespace std;

int main()
{
    int x = 1, y = 3, z = 5;

    x += y *= z -= 2;
    cout << x << '\t' << y << '\t' << z << endl;
    x *= y /= z -= x;
    cout << x << '\t' << y << '\t' << z << endl;
    x = y = z = 2;
    z = (x *= 2) + (y += 4) + 2;
```

```
        cout << z << endl;
        cout << x << '\t' << y << '\t' << z << endl;
        return 0;
}
```

10. 完善程序。下面的程序求方程 $ax^2 + bx + c = 0$ 的根。系数 a、b、c 由键盘输入,设 $b^2 - 4ac > 0$。

```
#include < iostream >
_____(1)_____                //包含头文件
using namespace std;

int main()
{
        double a, b, c, disc, x1, x2, p, q; //x1 和 x2 存储两个实根

_____(2)_____                //从键盘输入方程的三个系数
        disc = b * b - 4 * a * c;
        p = - b /(2 * a);
        q = sqrt(disc) /(2 * a);
_____(3)_____ ; //求实根 x1 的值,由 p 和 q 计算得出
_____(4)_____ ; //求实根 x2 的值,由 p 和 q 计算得出
_____(5)_____ ; //输出 x1,格式为 x1 = 值,并换行
_____(6)_____ ; //输出 x2,格式为 x2 = 值,并换行
        return 0;
}
```

实验四　流程控制语句

一、目的要求

1. 熟练掌握 if 语句和 switch 语句。
2. 熟练掌握 while 语句、do-while 语句和 for 语句。
3. 初步掌握程序设计中使用流程控制实现的一些基本算法,如分段函数的计算、求多项式累加和(累乘积)、穷举法等。

二、实验内容

1. 已知函数:

$$y = \begin{cases} x^2 & x < 1 \\ 3x - 2 & 1 \leqslant x < 10 \\ x^3 - 10x^2 + 28 & x \geqslant 10 \end{cases}$$

编写程序分别求当 x＝0.5，x＝2，x＝10 时，结果 y 的值。提示：多次运行程序，每次输入不同的 x 值。

2. 编写程序，任意输入三个整型量 x、y、z，然后按照自小到大的顺序输出这三个量。例如，若输入 6、3、5，则输出 3、5、6。要求：(1) **只能**用嵌套的 if 语句实现。(2) 不能交换变量 x、y、z 的值。提示：对于不同的数值输入顺序，有 6 种可能的变量输出顺序，即按照从小到大，输出的顺序可能是下述六种之一，xyz，xzy，yxz，yzx，zxy，zyx。

3. 编写程序，输入平面坐标体系下的一个点坐标 x 和 y 的值，当该点落在第 1 象限时输出 1，落在第 2 象限时输出 2，落在第 3 象限时输出 3，落在第 4 象限时输出 4；落在坐标轴或原点上，则输出 5。

4. 编写程序，向用户提示："请输入考核等级(A～E)："，接受从键盘上输入的五级计分制成绩等级(A～E)并将其转换成对应的分数段输出。转换规则为：若输入 A 或 a(即大小写字母做相同处理，后面类推)，则输出 90～100；若输入 B 或 b，则输出 80～89；若输入 C 或 c，则输出 70～79；若输入 D 或 d，则输出 60～69；若输入 E 或 e，则输出 0～59。若输入其他字母等级，则输出 error。要求用 if 语句实现。

5. 完成与上一题同样的功能，要求用 switch 语句实现。

6. 至少用两种算法编程实现：求 1 到 100 范围中的**偶数和**，并输出结果。注意，不同的算法不是指使用不同的循环语句(while、for、do-while)，算法是指解题思路。算法提示：(1) 对 循环变量 1～100 循环，判断循环变量若为偶数，则累加。(2) 循环变量本身就是偶数，从 2 变化到 100，累加循环变量即可。(3) 循环变量从 1 变化到 50，将循环变量乘 2 后累加。这里给出三个算法例子，若有其他算法也可以使用。同学可以思考哪个算法效率较高。

7. 用泰勒级数求 e 的近似值，直到最后一项小于 10^{-7}。

$$e=1+\frac{1}{1!}+\frac{1}{2!}+\frac{1}{3!}+\frac{1}{4!}+\cdots$$

8. 求 $\pi/2$ 的近似值的公式为：

$$\frac{\pi}{2}=\frac{2}{1}\times\frac{2}{3}\times\frac{4}{3}\times\frac{4}{5}\times\cdots\times\frac{2n}{2n-1}\times\frac{2n}{2n+1}\times\cdots$$

编写程序，求当 $n＝1000$ 以及 10000 时 π 的近似值，n 由键盘输入，即运行程序两次，每次输入不同的 n。编程时，注意观察通项的构成。注意观察不同的 n，结果精度的不同。

9. arcsh(x) 函数的计算公式如下：

$$\mathrm{arcsh}(x)=x-\frac{1}{2}\cdot\frac{x^3}{3}+\frac{1\cdot3}{2\cdot4}\cdot\frac{x^5}{5}-\frac{1\cdot3\cdot5}{2\cdot4\cdot6}\cdot\frac{x^7}{7}+\cdots$$
$$+(-1)^n\frac{1\cdot3\cdot5\cdots(2n-1)}{2\cdot4\cdot6\cdots2n}\cdot\frac{x^{2n+1}}{2n+1}+\cdots$$

请输入任意一个范围在[0.1，0.7]中的 x(只需要在输入时人工保障 x 在范围内，不需要在程序内部判断 x 的范围)，计算并输出 arcsh(x) 的值。要求当通项的绝对值小于 10^{-7} 时结束计算。例如，当输入 x 为 0.6 时，输出 arcsh(0.6)＝0.568825 或输出 arcsh(0.6)＝0.559628。不同的计算技巧受精度的影响计算结果可能略有差别。

10. Fibonacci 数列为 1，1，2，3，5，8，13，…。编程实现求分数序列前 20 项的和：

$$sum = \frac{1}{1} + \frac{2}{1} + \frac{3}{2} + \frac{5}{3} + \frac{8}{5} + \frac{13}{8} + \frac{21}{13} + \cdots$$

提示:注意分子分母的变化规律。程序正确的运行结果应是:result=32.0422。

11. 输出一个 m 行 n 列的由 * 组成边框的长方形。例如若 m 为 4、n 为 6 时,则输出:

```
* * * * * *
*         *
*         *
* * * * * *
```

要求:m 和 n 从键盘输入,且 m≥2、n≥2,并要求下述两种算法都要实现。

算法 1:做一个双重循环,外循环 m 行,内循环 n 列。第 1 行和第 m 行输出 n 个 *。其他行先输出一个 *,再输出 n-2 个空格,最后输出一个 *。每行结尾输出一个换行符。

算法 2:将上述图形看成由 * 和空格构成的长方形点阵。做一个双重循环,外循环 m 行,内循环 n 列,当行号为 1 或行号为 m 或列号为 1 或列号为 n 时输出 *,其他情况输出空格。每行结尾输出一个换行符。

12. 求出并输出所有的"水仙花数"。所谓"水仙花数"是指一个三位数,其各位数字的立方和等于该数本身。例如:153 是一个水仙花数,因为 $153=1^3+5^3+3^3$。满足条件的水仙花数有四个,它们是 153,370,371 和 407。要求两种算法都要实现。

算法提示如下,两个算法均为穷举法。

算法 1:做一个单循环,循环变量 i 的取值范围从 100 到 999;在循环体内,将 i 的各位数字分解到变量 a、b、c 中,即 a 代表百位、b 代表十位、c 代表个位,然后判断是否满足"水仙花数"的条件,若满足,则输出 i 的值。

算法 2:做一个三重循环,外层循环变量 a 表示百位数,合法的取值范围 1 至 9;中间层循环变量 b 表示十位数,取值范围 0 至 9;内层循环变量 c 表示个位数,取值范围 0 至 9;在循环体中将 a、b、c 三个位数组合成一个三位数 i,判断 i 是否满足"水仙花数"的条件,若满足,则输出 i 的值。

13. 逆序数是正向和反向读写数字顺序是一样的数,例如 12321 和 1221 均是逆序数。编写程序输出所有四位数中的逆序数,同时统计逆序数的个数。满足条件的逆序数总共有 90 个,要求每行输出 6 个逆序数,最后输出逆序数的总个数。

算法提示:对所有的四位数循环,在循环体中分解当前的四位数的每位数到四个变量中,然后判断第 1 位和第 4 位、第 2 位和第 3 位是否相等,若相等,则输出该四位数,同时统计个数。

实验五　函数

一、目的要求

1. 掌握函数定义的方法以及使用函数进行程序设计的方法。
2. 掌握函数实参和形参的对应关系,以及"值传递"调用函数的方法。
3. 掌握函数的嵌套调用和递归调用的方法。
4. 掌握函数重载、内联函数和参数具有默认值的函数的基本概念。

二、实验内容

1. 编写程序输出 100～200 之间的所有素数并统计该范围内素数的个数。

要求：

（1）编写一个函数 bool isprime(int x)实现"判断一个数 x 是否为素数"，若是，返回 true，否则返回 false。

（2）其他所有工作均在主函数中完成。要求每行输出 8 个素数，用 '\t' 实现输出列对齐。

2. 编写程序计算 sum = 1! + 2! + 3! + 4! + … + n!。

要求：编写函数 int fact(int)计算并返回参数的阶乘。在主函数中完成从键盘输入整数 n，然后计算并输出结果。

3. 编写程序计算组合数：C(m, r) = m! /(r! × (m−r)!)，其中 m、r 为正整数，且 m＞r。

要求：

（1）编写一个计算阶乘的函数 int fact(int n)，函数返回参数 n 的阶乘。提示：可以直接拷贝上一题的 fact()函数。

（2）编写一个计算组合数的函数 int com(int m, int r)，函数返回 m、r 的组合数。该函数调用 fact()函数分别求 m 的阶乘、r 的阶乘以及（m−r）的阶乘，完成组合数的计算。

（3）在主函数中三次调用 com()函数计算并输出组合数 C(4，2)、C(6，4)、C(8，7)，正确结果分别是 6、15 和 8。

4. 编写一个函数 int gcd(int x, int y)求两个正整数的最大公约数。在主函数中任意输入两个正整数 m 和 n，调用 gcd()函数获取最大公约数并在主函数中输出。用于验证的 m 和 n 的值可以是 24 和 16，或 21 和 35。

求最大公约数的算法有三种：（1）数学定义；（2）辗转相除法；（3）大数减小数直到相等。请编写三个版本的 gcd()函数。

5. 编写四个重载函数：

int fsum(int, int);求 2 个整型量的和；

int fsum(int, int, int);求 3 个整型量的和；

double fsum(double, double);求 2 个 double 型量的和；

double fsum(double, double, double);求 3 个 double 型量的和；

在主函数中实现对上述 4 个函数的调用。提示：实参使用不同的参数类型和不同的参数个数，可以用常量做实参，程序中整型常量的默认类型是 int，实型常量的默认类型是 double。

6. 编写一个内联函数 int max3(int,int,int)实现求 3 个整数中的最大数，3 个整数作为参数，最大数作为返回值。在主函数中任意输入三个整数，调用内联函数求出最大数并输出。

7. 编写一个时间延迟函数 void delay(int time = 1000);，在函数中首先输出循环次数 time，然后做 time 次空循环，表示延迟 time 个时间单位。在主函数中两次调用该函数，一次给出实参，另一次不给实参，体验函数缺省值的意义，即调用 delay()函数时，若不给实参，表示默认延迟 1000 个时间单位,若给出实参,表示延迟由实参指定个数的时间单位,例如 20000 个时间单位。

8. 调用递归函数求出并输出 Fibonnaci 数列的前 n 项,n 由键盘输入,每行输出 5 个数。注意输出的是前面共 n 项,而不是第 n 项。请区分这个 n 和下述公式中的 n。

递归函数 int fib(int n)求数列的第 n 项。递归公式为:

$$fib(n) = \begin{cases} 1 & n = 1 \\ 1 & n = 2 \\ fib(n-1) + fib(n-2) & n \geqslant 3 \end{cases}$$

算法提示:在主函数中输入 n,循环 n 次,循环变量 i 从 1 变化到 n,每次调用 fib 函数求出第 i 项的值。

9. 当 x>1 时,Hermite 多项式定义如下,它用于求第 n 项的值。

$$H_n(x) = \begin{cases} 1 & n = 0 \\ 2x & n = 1 \\ 2xH_{n-1}(x) - 2(n-1)H_{n-2}(x) & n \geqslant 2 \end{cases}$$

要求编写一个递归函数求 Hermite 多项式的第 n 项的值,n 和 x 作为递归函数的两个参数。

编写程序,在主函数中输入实数 x 和整数 n,求出并输出 Hermite 多项式的前 n 项的值,注意共有 n 个值。请区分这个 n 和公式中的 n。

算法提示:在主函数中循环 n 次,循环变量 i 从 0 变化到 n-1,每次求出第 i 项的值。例如:当 n 和 x 的值分别是 5 和 3.6 时,输出:

H(0, 3.6) = 1

H(1, 3.6) = 7.2

H(2, 3.6) = 49.84

H(3, 3.6) = 330.048

H(4, 3.6) = 2077.31

10. 编写函数 void printTriangle(int n)用于输出如图 1-15 所示的图形。要求在主函数中输入任意值 n 作为行数,调用函数 printTriangle()完成输出。图 1-15 为当 n=6 时的输出结果。

```
* * * * * *
 * * * * *
  * * * *
   * * *
    * *
     *
```

图 1-15

算法提示如下,要求两个算法都要实现。

算法 1:i 表示行数,其值为 1~n。对于第 i 行,首先输出 i-1 个空格,然后输出 n-i+1 个 *,最后输出换行。

算法 2:将上述图形看成由 * 和空格构成的 n×n 点阵。做一个双重循环,外循环变量 i 控制循环 n 行,内循环变量 j 控制循环 n 列,当 i>j 时输出空格,其余情况输出 *,每行结尾输出换行。

11. 编写函数 void pr_rev(int x),用递归方法将一个整数 x 逆向输出。例如,若输入 1234,则输出 4321。要求在主函数中输入一个任意位数的整数,并将该整数传递给递归函数。算法提示:在 pr_rev()中,判断若 x 是 1 位数(其范围是 0~9),则输出该数后返回;否则,首先输出 x 的个位数,然后递归调用函数 pr_rev( )逆向输出 x 的前 n−1 位。假定初始时 x 是 n 位数。

12. 程序的多文件组织。在 VS2010 中,一个项目中可以包含多个源程序文件。

例如,在本实验第 2 题中,求 sum = 1! + 2! + 3! + ⋯ + n!,可将程序中的两个函数分别放在两个源程序文件 my1.cpp 和 my2.cpp 中,如下所示,构成一个包含多个源程序的项目。

my1.cpp

```cpp
#include <iostream>
using namespace std;
int fact(int);   //函数原型声明
int main()
{
    int n, i, sum = 0;
    cin >> n;
    for(i = 1; i <= n; i ++) sum += fact(i);
    cout << "sum = " << sum << endl;
    return 0;
}
```

my2.cpp

```cpp
int fact(int n)     //求阶乘
{
    if(n == 0 || n == 1)
        return(1);
    else
        return(n * fac(n - 1));
}
```

请同学按照上机实验"一、上机环境介绍"中给出的方法,首先建立一个项目 ex0512,然后在项目中添加上述两个源程序文件,然后生成项目解决方案,并运行程序。

亦可仿照此例,输入并运行教材例 5.26。

实验六　编译预处理

一、目的要求

1. 掌握宏定义和文件包含的概念及编程方法。
2. 掌握带参数的宏和函数的区别。
3. 了解条件编译的概念。

二、实验内容

1. 文件包含。用文件包含的方法开发一个程序。在头文件 ex0601.h 中,编写函数 int pow(int x, int y)用于求 x 的 y 次方,即求 x^y。算法:y 个 x 连乘即求得 x^y。提示:VS2010 中如何添加头文件? 在图 1−6 中,右击左上角"解决方案资源管理器中"的"头文件",然后选"添加""新建项"。

在源程序文件 ex0601.cpp 中用 #include 命令包含头文件 ex0601.h,编写主函数,输入 x 和 y 的值,调用函数 pow( ),求出并输出 x 的 y 次方。

比较本题实现方法和实验五中第12题的实现方法,同样是多文件组织,本题中一个头文件(.h)和一个源程序文件(.cpp),实验五第12题中是两个.cpp文件。

2. 宏定义及宏的嵌套调用。定义一个带参数的宏 SQUARE(x),求参数 x 的平方。定义另一个带参数的宏 DIST(x1, y1, x2, y2),求两点之间的距离。在宏 DIST()中嵌套调用宏 SQUARE()。

要求:在主函数中输入两个点(x1,y1),(x2,y2)的坐标 x1、y1、x2 和 y2,调用宏 DIST()计算两点之间的距离并输出。计算公式:$dist=\sqrt{(x1-x2)^2+(y1-y2)^2}$。

3. 用函数实现与上一题同样的功能。函数 double square(int)用于求出并返回参数的平方。函数 double dist(int, int, int, int);参数为两个点的坐标值,求出并返回两点之间的距离。请比较本题函数实现与上一题宏定义实现的区别。

特别提示:在 VS2010 中,系统库函数 sqrt()要求参数必须为 double 型量,若欲求一个整型量 x 的平方根,可以这样调用函数 sqrt(double(x))。

4. 宏定义及宏的嵌套调用。先定义一个宏 MIN2(x, y),其功能是求 x、y 的较小者;再定义一个宏 MIN4(w, x, y, z),其功能是求四个数的最小者。

要求:

(1) 在宏 MIN4()中嵌套调用 MIN2()。

(2) 主函数中输入四个整数,调用宏 MIN4()求出最小者并输出。

*5. 用条件编译方法实现:输入一行电报文字,可以任选两种方式输出,一为原文输出;一为将字母译为密码输出。加密规则是将字母变成其下一字母,即 a 变 b,b 变 c,…,z 变 a,大写字母做相同的处理,其他字符不变,例如报文“aBmz”,其密码报文是“bCna”。用 ♯define 命令来控制是否要译成密码。例如,若

```
♯define  CHANGE  1
```

则输出密码。若

```
♯define  CHANGE  0
```

则按原文输出。

实验七　数组与字符串

一、目的要求

1. 掌握一维数组、二维数组的定义、初始化及输入输出方法。
2. 掌握数组用作函数参数的方法。
3. 掌握与数组相关的算法,特别是排序算法。
4. 掌握字符数组和字符串函数的使用以及相关算法。

二、实验内容

1. 输入并运行教材例 7.3。将 Fibonacci 数列的前 20 项存于数组,并求它们的和。

2. 定义整型数组 a[20],用初始化的方法给数组元素赋初值(自行为每个元素任意选取正数、负数和零作为初值),然后分别统计并输出其中正数、负数和零出现的次数,另外分别

求出正数和负数的平均值。求平均值时,注意若正数或负数的个数为 0,不能计算平均值。

请思考:什么是初始化? 即在定义变量的同时给变量赋初值,例如:int x = 6,a[2] = {3,5};。即数组初始化是指定义数组时给定初值,而不是输入数组元素的值。

3. 编写程序,首先输入 n 的值,然后输入 n 个数并存入一维实型数组 a 中,求该 n 个数的均方差(也叫标准差 Standard Deviation)。计算公式如下。

$$D = \sqrt{\frac{1}{n} \sum_{i=0}^{i=n-1} (a_i - M)^2}\,,\text{其中 } M = \left(\sum_{i=0}^{i=n-1} a_i\right)/n$$

要求:编写四个函数:① input()输入数组值;② aver()求数组平均值;③ stddev()求均方差;④ 主函数。注意:前三个函数均有两个参数,分别是一维数组名和数组元素个数。要求在主函数中定义数组,先输入 n 的值,然后调用①函数输入数组全体元素值,再调用③函数求均方差。注意在③函数中调用②函数求数组平均值。最后在主函数中输出均方差。

提示:因为 n 是变化的,可将数组中元素个数定义多一点,如 100 个,实际只使用数组的前 n 个元素空间,n≤100。测试数据:当 n 为 5,并且数据序列为 1、2、3、4、5 时,均方差为 1.41421。

4. 输入并运行教材例 7.7,冒泡法排序,要求掌握此算法。

5. 输入并运行教材例 7.8,选择法排序,要求掌握此算法。

6. 编写函数 int gcd(int x, int y)用辗转相除法求 x 和 y 的最大公约数,参见教材例 5.8 以及实验五第 4 题。在主函数中定义并初始化数组如下:

int a[8] = {24, 1007, 956, 705, 574, 371, 416, 35};

int b[8] = {60, 631,772, 201, 262, 763, 1000, 77};

int c[8];

求出全部对应的 a[i]和 b[i]的最大公约数,存入 c[i]中。例如 a[0]和 b[0]的最大公约数存入 c[0],a[1]和 b[1]的最大公约存入 c[1]。最终输出数组 c 的全体元素值,正确结果是:12　　1　　4　　3　　2　　7　　8　　7。

7. 编写函数 void output(int a[ ], int n)输出数组 a 中的 n 个元素。编写函数 int deleteElement(int a[ ], int n, int x)将具有 n 个元素的一维数组 a 中出现的 x 删除(注意:重复出现的 x 均需删除),函数的返回值为删除 x 后的数组 a 中的实际元素个数。例如初始 a 数组中有 6 个元素,它们是{9,5,6,7,8,5},删除元素 5 后,数组变为{9,6,7,8},结果数组中有 4 个元素,函数返回 4。

注意:被调函数 deleteElement()要做两件工作,一是要删除元素,二是返回剩余元素个数。编写主函数测试该功能,要求数组元素的初值采用初始化的方式给出,然后调用函数 output()输出数组的初始值,再输入待删除元素,调用函数 deleteElement()删除元素,最后调用函数 output()输出结果数组的全体元素值。

8. 磁力数:6174 和 495。社会现象和自然现象都有磁力存在,在数字运算中也存在着一种磁力。请随便写出一个四位数,各位数字不要完全相同,按照从大到小的顺序重新排列,得到一个数(称为降序数),然后把它颠倒一下,得到另一个数(称为升序数),求出这两个数的差(即降序数减升序数)。这样反复做下去,最后得到的数一定是 6174。对于 6174 再按上面的步骤做一次,结果还是 6174。仿佛 6174 这个数具有强大的磁力,能吸引一切数,而它就像所有数字的核心。现举两个实例。

【例1】 初始四位数为 1645,验证过程如下:

6541 － 1456 ＝ 5085

8550 － 558 ＝ 7992

9972 － 2799 ＝ 7173

7731 － 1377 ＝ 6354

6543 － 3456 ＝ 3087

8730 － 378 ＝ 8352

8532 － 2358 ＝ 6174

7641 － 1467 ＝ 6174 //注意最后2行

【例2】 初始四位数为 1211,验证过程如下:

2111 － 1112 ＝ 999   //注意此行,结果三位数仍然要作为四位数

9990 － 999 ＝ 8991

9981 － 1899 ＝ 8082

8820 － 288 ＝ 8532

8532 － 2358 ＝ 6174

7641 － 1467 ＝ 6174 //注意最后2行

这不是掉进 6174 里了吗?注意第 2 个例子的第一个计算表达式,两个 4 位数相减得到 3 位数 999,但验证过程必须将结果看成 4 位数 0999(因为初始值是 4 位数),进行下一轮计算。

四位数有这种现象,三位数也有,那个数就是 495。试编写程序验证上述现象。

验证过程比较复杂,可采用模块化程序设计方法,需要编写一系列模块(即函数),每个模块实现一个独立的完整的需反复调用的功能。程序所需要编写的函数及算法提示如下:

(1) 编一函数求出整数 n 的十进制数位数,并作为函数返回值。

int getbits(int n);

(2) 编一函数将一整数 n 分解为 k 位数字,存入整型数组 a[]中,

void split(int a[], int n, int k);

例如:已知 k＝4,n＝789,则结果 a[0]＝9,a[1]＝8,a[2]＝7,a[3]＝0。

注意参数 k 的设置是为了保持验证过程数值位数的一致性,即若初始输入的数为四位数,则在验证过程中必须要保证一直处理的都是四位数。例如上述第 2 个例子第 1 行计算结果 999 为 3 位数,即 n 为 999,由于初始数据 1211 为 4 位数,即 k＝4,因此必须将 n(999)分解为 k 位数(0、9、9、9)。

(3) 编一函数将一具有 k 个元素的整型数组 a[]的元素按降序排序。

void sortd(int a[], int k);

(4) 编一函数将一具有 k 个元素的整型数组 a[]的元素逆向存放。

void reverse(int a[], int k);

(5) 编一函数将一具有 k 个元素的整型数组 a[]的元素,按 a[0]为最高位,a[k－1]为最低位,组合成一个整数,作为函数的返回值。提示:算法参见附录 A 第 7 点。

```
int combine(int a[ ], int k);
```

例如:若 k = 4, a[0] = 3, a[1] = 5, a[2] = 1, a[3] = 9 则返回整数 3519。

(6) 在主函数中,输入一个四位数(或三位数),通过调用上述函数,将验证过程输出。

主函数算法提示如下:

定义变量并赋初值 oldn = -1,oldn 表示前一个表达式的计算结果 n

任意输入一个四位或三位数 n,注意各位数字不能相同;

调用 getbits()函数得到 n 的位数 k;

当 n≠oldn 时,做如下循环:

{

　　　oldn = n;

　　　将 n 分解成 k 位存入数组 a[ ]中;

　　　将有 k 个元素的数组 a[ ]排成降序;

　　　将 a[ ]中元素合并成一个整数 n1(降序数)

　　　将数组 a[ ]逆置;

　　　将 a[ ]中元素合并成另一个整数 n2(升序数);

　　　n = n1 - n2;

　　　按格式输出 n1 - n2 = n;

}

9. 给定二维数组如下,请编写函数 int sumBorder(int a[ ][M])求二维数组周边元素之和。

$$a = \begin{vmatrix} 3 & 6 & 4 & 6 & 1 \\ 8 & 3 & 1 & 3 & 2 \\ 4 & 7 & 1 & 2 & 7 \\ 2 & 9 & 5 & 3 & 3 \end{vmatrix}$$

要求:在主函数中定义数组并用上述值初始化,用数组名做函数参数,调用sumBorder( )函数得到求和结果;然后在主函数中以二维方式输出数组,最后输出求和结果。二维数组是N 行×M 列的,定义行数 N 和列数 M 为符号常量。

算法 1:若元素在周边上,则行号为 0 或 N−1、列号为 0 或 M−1。做一个双重循环,对二维数组中的每个元素,判断若它在周边上,则将其累加到结果中。

算法 2:周边元素之和为全体元素之和减去内部元素之和。

10. 编写函数 void fsum(int a[N][N], int i, int j, int b[2])分别求二维数组元素a[i][j]所在行及所在列的全体元素之和,例如若 i=1, j=1,则 a[1][1]元素所在行的元素之和为 15(=8+3+1+3),它所在列的元素之和为 25(=6+3+7+9)。这两个求和结果分别存入 b[0]和 b[1]带回主函数。

$$a = \begin{vmatrix} 3 & 6 & 4 & 6 \\ 8 & 3 & 1 & 3 \\ 4 & 7 & 1 & 2 \\ 2 & 9 & 5 & 3 \end{vmatrix}$$

要求:在主函数中用上述矩阵值对二维数组初始化,然后输出二维数组,从键盘输入任意元素的下标 i 和 j,调用函数 fsum()求和,在主函数中输出求和结果。

11. 输入一行字符串,分别统计其中大写字母、小写字母、数字字符、空格以及其他字符出现的次数。例如,若字符串为"A Student & 5 Teachers.",则其中大写字母出现 3 次,小写字母出现 13 次,数字字符出现 1 次,空格出现 4 次,其他字符出现 2 次。

要求:用 cin.getline()输入字符串到字符数组中,然后统计并输出结果,所有的工作都在主函数中完成。

12. 编写函数 void interCross(char s1[ ], char s2[ ], char s3[ ]),将 s1 和 s2 中的字符串交叉复制到 s3 中,构成一个新的字符串。例如:若 s1 和 s2 中的字符串为"abcde"和"123",则结果 s3 中的字符串为"a1b2c3de"。

要求:在主函数中输入 s1 和 s2,调用函数 interCross()进行交叉操作,在主函数中输出结果字符串 s3。不允许使用任何有关字符串的标准库函数,只能通过判断当前字符是否为空字符来确定字符串是否到达结尾。

注意:将字符数组 s3[ ]定义得足够长,使之有足够的空间存放结果字符串。

13. 编写函数 void my_strcpy(char s1[ ], char s2[ ]),将 s2 中的字符串拷贝到数组 s1 中去。要求:

(1) 不允许使用任何有关字符串的标准库函数。

(2) 在主函数中输入两个字符串 s1 和 s2,调用函数 my_strcpy()将 s2 拷贝到 s1 中,最后输出字符串 s1 和 s2。

14. 编写函数 void reverse(char s[ ]),实现将字符串 s 逆向存放。例如若原 s 字符串为"abcde",则结果 s 中为"edcba"。在主函数中输入字符串 s,调用 reverse()函数得到逆向存放后的新字符串,输出新的 s。

算法提示:此逆置过程与整型数组的逆置算法是一样的,首先必须求出字符串中的有效字符个数,即 '\0' 之前的字符个数,可以通过 strlen(s)求出,亦可通过循环判断是否到达字符串结尾标志求出。

*15. 输入并运行教材例 7.10,筛选法求素数。

*16. 编写函数 void replace(char s1[ ], char s2[ ], char s3[ ]),将 s1 看成主串、s2 看成子串,函数实现将主串 s1 中第一次出现的子串 s2 替换成子串 s3。例如若 s1 是"Today are Monday",s2 是"are",s3 是"is",则结果 s1 是"Today is Monday"。请在主函数中输入,或初始化各字符串,调用 replace()函数完成相应的工作,最终在主函数中输出结果串 s1。

*17. 将整型数组看成集合,例如下面定义了 a 和 b 两个整型数集合 int a[5] = {3,4,2,0,9},b[4] = {1,2,8,3},a 和 b 的交集是{2,3},a 和 b 的并集是{3,4,2,0,9,1,8},a 减去 b 的差集是{4,0,9}。

请编写函数:

(1) void intersection(int a[ ],int an, int b[ ], int bn, int c[ ], int &cn);实现求 a 和 b 的交集。参数 an 和 bn 分别是数组 a 和 b 的元素个数,c 数组存放结果集合,cn 中存放结果数组 c 中的元素个数。下面两个函数参数的意义与本函数一样。

(2) void union(int a[ ],int an, int b[ ], int bn, int c[ ], int &cn);实现求 a 和 b 的并集。

（3）void difference (int a[ ],int an, int b[ ], int bn, int c[ ], int &cn);实现求 a 减去 b 的差集。

（4）bool same(int a[ ], int b[ ], int n);实现判断两个集合是否相同,若相同返回真,否则返回假。a 和 b 数据均包含 n 个元素。例如集合{3,2,6}与集合{2,6,3}相同,即不考虑元素顺序。

请在主函数中准备数据,调用被调各函数完成相应的操作,最终在主函数中输出结果。

提示 1:可以编写一个公用函数 bool isin(int a[ ], int n, int x);用于判断 x 是否存在于数组 a 中,若存在则返回真,否则返回假。n 是数组 a 中的元素个数。

提示 2:参见教材例 7.13。

*18. 试编写如下四个函数,并编写主函数调用它们,最终总结规律,能否编写通用函数 void int_to_radix(int n, char s[ ], int r)将十进制整数 n 转换成 r 进制的数字字符串并存放到 s 所指向的串中,r≤16。

（1）编写函数 void int_to_dec(int n, char s[ ])将十进制整数 n 转换成对应的十进制数的数字字符串并存放到 s 所指向的串,例如若 n 是 168,则结果串 s 中存储的是"168"。

（2）编写函数 void int_to_bin(int n, char s[ ])将十进制整数 n 转换成对应的二进制数的数字字符串并存放到 s 所指向的串,例如若 n 是 12,则结果串 s 中存储的是"1100"。

（3）编写函数 void int_to_oct(int n, char s[ ])将十进制整数 n 转换成对应的八进制数的数字字符串并存放到 s 所指向的串,例如若 n 是 12,则结果串 s 中存储的是"14"。

（4）编写函数 void int_to_hex(int n, char s[ ])将十进制整数 n 转换成对应的十六进制数的数字字符串并存放到 s 所指向的串,例如若 n 是 42,则结果串 s 中存储的是"2A"。

实验八　结构体、共用体和枚举类型

一、目的要求

1. 掌握结构体类型和变量的定义和使用。
2. 掌握结构体类型数组的概念和应用。
3. 掌握枚举类型的概念及应用。
*4. 了解共用体概念。

二、实验内容

1. 定义一个结构体类型 Point,包含数据成员 x 和 y,它们是平面坐标体系下的坐标点(x，y),编写如下函数:

（1）Point Input();在函数中输入一个坐标点的值,并返回该值。

（2）void Output(Point p);按格式(x，y)输出坐标点 p 的值。

（3）double Dist(Point &p1, Point &p2);求出并返回坐标点 p1 和 p2 之间的距离。

在主函数中,定义两个坐标点变量 p1 和 p2,两次调用函数 Input()输入两个坐标点的值,函数的返回值赋值给 p1 和 p2,两次调用函数 Output()输出该两个坐标点的值,调用函数 Dist()计算它们之间的距离然后输出。例如坐标点(0，0)和(1，1)之间的距离为 1.41421。

2. 图书信息列表如下,每本图书有书号、书名和价格三个属性。编写程序处理图书信息。

书号	书名	价格
0101	Computer	78.88
0102	Programming	50.60
0103	Math	48.55
0104	English	92.00

编程要求:

(1) 定义结构体类型 book,使之包含每本图书的属性,成员包括书号(bookID,字符串)、书名(name,字符串)和价格(price,double 型数值)。

(2) 编写函数 void input(book bs[ ], int n);输入 n 本图书的价格。

(3) 编写函数 double average(book bs[ ], int n);计算并返回 n 本图书的平均价格。

(4) 编写函数 int findMax(book bs[ ], int n),找出价格最高的图书下标并返回。

(5) 编写函数 void print(book bs[ ], int n);以上述表格形式输出 n 本图书信息。

(6) 编写函数 void sort(book bs[ ], int n);将 n 本图书按照价格排成升序。

提示:本函数中实现排序算法时,比较的是图书价格,交换的是结构体元素。

(7) 在主函数中定义一个类型为 book 的具有 4 个元素的结构体数组 books[ ],用上述列表的前两列中的数据初始化该数组(即初始化数组部分数据),价格将在 input( )函数中输入。

(8) 在主函数中依次调用 input( )函数输入所有图书的价格,调用 print( )函数输出所有图书的完整信息,调用 average( )函数计算所有图书的平均价格然后在主函数中输出该平均价格,调用 findMax( )求出价格最高的图书的下标然后在主函数中输出该图书的书号、书名和价格,调用 sort( )函数将图书按照价格升序排序,最后再次调用 print( )函数输出排序后的所有图书信息。

设置输出格式提示:

```
cout.setf(ios::left); //设置左对齐
cout.setf(ios::fixed, ios::floatfield); //设置以小数形式输出实型量
cout.precision(2); //设置小数点后输出 2 位数,必须与前一语句配合使用
```

3. 定义一个描述颜色的枚举类型 color,包含 3 种颜色,分别是红 RED、绿 GREEN 和蓝 BLUE。编程输出这 3 种颜色的全排列结果。参见教材例 8.5。

*4. 输入并运行如下程序,并分析运行结果。

```
#include <iostream>
using namespace std;

int main()
{
    int i;
```

```
union INTCHAR
{
    int x;
    char c[4];
} e;
cout <<"sizeof(e) = "<< sizeof(e)<< endl;
e.x = 0x12345678;
for(i = 0; i<4; i++)
    cout << hex << int(e.c[i])<< endl;
cout << hex << e.x << endl;
return 0;
}
```

实验九　指针和引用

一、目的要求

1. 掌握指针变量的定义、运算和使用方法。
2. 掌握指针变量作为函数参数的使用方法。
3. 掌握数组指针、字符串指针的使用方法。
4. 掌握 new、delete 运算符的使用方法。
5. 掌握引用作为函数参数的使用方法。
*6. 掌握链表的概念,初步学会对链表进行操作。

二、实验内容

注意:本实验的所有程序都要求通过指针访问变量或数组元素。

1. 任意输入三个整数,按从小到大的顺序输出这三个整数。

提示:仿照教材例 9.9 编写函数 void exchange(int *, int *)实现两个变量值的交换。

算法:

(1) 输入三个整数存入变量 a、b、c 中。

(2) 判断若 a>b,则调用 exchange 函数交换 a 和 b 的值。

(3) 判断若 a>c,则调用 exchange 函数交换 a 和 c 的值。

(4) 判断若 b>c,则调用 exchange 函数交换 b 和 c 的值。

(5) 输出 a、b、c 三个变量的值。

2. 完成与上一题相同的工作,将 exchange 函数的参数改为引用作参数,即函数原型为 void exchange(int &, int &);。参见教材例 9.40。

3. 已知定义 int a[10], *p = a;。编写程序实现:输入 10 个整型量存入 a 数组,然后求出最小元素,最后输出数组 10 个元素以及最小元素值。

要求:所有对数组元素及数组元素地址的访问均通过指针 p 实现。全部工作都在主函数中完成。

4. 输入并运行教材例 9.15。分别求数组前十个元素和后十个元素之和。体会数组名做函数参数时,对应形参的含义。

5. 编程实现:将一个具有 n 个元素的数组循环左移 k 位。循环左移一位的意义是:将数组全体元素左移一位,最左边元素移到数组最右边。例如,对初始数组 int a[] = { 2, 3, 4, 5, 6, 7, 8, 9 };循环左移 3 位后,数组 a 的元素变成{ 5, 6, 7, 8, 9, 2, 3, 4 };

要求:

(1) 编写函数 void moveLeft(int * a, int n)将一个具有 n 个元素的数组 a 循环左移 1 位。

(2) 编写函数 void rotateLeft(int * a, int n, int k),在该函数中循环调用 k 次 moveLeft()函数,最终实现将数组循环左移 k 位。

(3) 主函数中定义并初始化数组 a,输出数组原始数据。任意输入 k,调用 rotateLeft()函数实现将数组循环左移 k 位,最后在主函数中输出结果数组。

(4) 在上述函数中,均要求用指针访问数组元素。

6. 任意输入三个单词(单词为不含空格的字符串),通过交换字符串的存储,最终按从小到大的顺序输出。

编程要求:

⑴ 函数 void swap(char * , char *)完成两个字符串变量值的交换。提示:两个字符串交换时,需要使用中间临时字符数组。

(2) 在主函数中定义三个字符数组 str1[ ]、str2[ ]、str3[ ],输入三个单词分别存入这三个字符数组。

(3) 3 个字符串的排序算法,参见本实验第 1 题。调用 swap 函数时,实参为字符串指针。

(4) 最终在主函数中,字符串 str1 中是三个单词中的最小者,str2 中是中间值,str3 中是三个单词中最大者。输出 str1、str2 和 str3 三个字符串。

提示:字符串的比较用 strcmp()函数,字符串的赋值用 strcpy()函数。

7. 编写函数 int my_strlen(char * s),求字符串长度,即字符串中包含的全部字符个数。要求:

(1) 不允许使用C++标准库函数 strlen()。

(2) 在主函数中输入一个字符串,调用 my_strlen()求出其长度,主函数输出结果。

8. 编写函数 void getDigits(char * s1, char * s2)将字符串 s1 中的数字字符取出,构成一个新的字符串存入 s2。例如若 s1 为"a34bb　12ck9 zy",则 s2 为"34129"。要求在主函数中输入字符串 s1,调用函数 getDigits()得到 s2 后,在主函数中输出 s2。

9. 编写函数 void firstUpper(char * s)将字符串 s 中英文单词的第一个字母变为大写字母。例如若 s 为"there are five apples in the basket.",则处理后 s 中的字符串变为"There Are Five Apples In The Basket."。

注意,字符串中单词的意义是一串连续的字母,并且单词之间可能有多个空格或其他字符,字符串的开头和结尾可能有多个空格,例如原串为"33abc,,efg　r　　",处理后的结果串为"33Abc,,Efg　R　"。

　　要求在主函数中输入字符串 s(为了程序调试方便,亦可用初始化的方式给 s 赋初值),调用函数 firstUpper()得到新的 s 后,在主函数中输出它。在 firstUpper()函数中需要使用下述辅助函数。

　　编写辅助函数 bool isLetter(char)判断参数字符若为字母则返回 true,否则返回 false,它与系统库函数 isalpha()功能相同。

　　编写辅助函数 char toUpper(char)将参数字符变为大写字母返回(若参数是小写字母,则返回对应的大写字母;否则不变换,返回原参数字符),它与系统库函数 toupper()功能相同。isalpha()和 toupper()的函数原型在 ctype.h 头文件中。

　　10. 编写程序判断一个字符串是否为回文(palindromia)。回文为正向拼写与反向拼写都一样的字符串,如"MADAM"。若放宽要求,即忽略大小写字母的区别、忽略空格及标点符号等,则像"Madam, I'm Adam"之类的短语也可视为回文。

　　算法1:

　　(1)编写函数 void filter(char *)将参数字符串中的非字母去掉,同时将所有字母变为大写,例如字符串原始值为"Madam, I'm Adam",则结果字符串为"MADAMIMADAM",即"纯的"大写字母串。提示:判断一个字符是否为字母,可使用系统库函数 isalpha()。

　　(2)编写函数 bool palin(char *)判断若参数字符串是回文,则返回 true,否则返回 false。函数在判断参数是否为回文之前,将参数拷贝到一个临时字符数组中(目的是保护原始串不被改变),调用 filter()函数将临时字符数组中的串先处理成"纯的"大写字母串,然后判断该大写字母串是否为回文。方法为,定义两个指针变量 head 和 tail,初始时,分别指向字符串首部和尾部,如图 1-16 所示。当 head 小于 tail 时循环,若它们指向的字符相等,则首指针 head 向后移动一个字符位置,尾指针 tail 向前移动一个字符位置,直到两字符不等或全部字符判断完毕,在此过程中可根据情况得出结论。

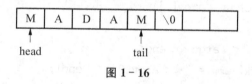

图 1-16

　　(3)在主函数中输入字符串,调用 palin()判断字符串是否为回文,若是,输出 yes,否则输出 no。

　　算法2:

　　将算法1做修改,删除 filter()函数,保留 main()函数不变,函数 palin()的实现算法如下:

　　head 指向第一个字符,tail 指向最后一个字符。

　　当 head < tail 时循环(外循环)

　　{

　　　　内循环1:当 head 指向的是非字母时 head 加1直到 head 指向字母

　　　　内循环2:当 tail 指向的是非字母时 tail 减1直到 tail 指向字母

　　　　此时如果 head 指向的字母和 tail 指向的字母相等(忽略大小写,即认为 A 和 a 相等,实现方法是将两个字母都转换为大写字母或都转换为小写字母后比较),则 head 加 1、tail 减 1;否则下结论:非回文(返回假)

    }

外循环结束后,head >= tail,结论:是回文,返回"真"。

请思考:上述算法针对字符串中至少包含了一个字母的情况,若字符串中无字母(此时可认为是空串)也认为是回文,在循环边界条件上需要特殊考虑。

注意:除了上述两种算法,亦可使用其他算法。

* 11. 对于整型二维数组 a[4][4],编写 3 个函数:

(1) int maxValue(int a[4][4]);求数组元素的最大值,返回该值。

要求将二维数组看成一维数组访问,用一个 int 型指针访问各元素。

(2) int minValue(int a[][4]);求数组元素的最小值,返回该值。

要求使用行指针访问二维数组元素。

(3) double average(int (* a)[4]);求数组元素的平均值,返回该值。

要求使用下标方式访问二维数组元素。

要求:

(1) 用**二维数组名**(即二维数组的**行指针**)做函数参数。

(2) 在主函数中定义二维数组并初始化,按二维方式输出数组,连续调用上述 3 个函数得到最大元素值、最小元素值和平均值,并输出它们。

* 12. 以两种方式运行教材例 9.32,程序如下。本题有关 main 函数的参数,参见教材中给出的两种运行方式的具体步骤。

```
# include < iostream >
using namespace std;

int main( int argc, char * argv[ ] )
{
    cout <<"argc = "<< argc << endl;
    cout <<"Command name = " << argv[0] << endl;
    for( int i = 1; i<argc; i++ )
        cout << argv[i]<< endl;
    return 0;
}
```

* 13. 建立一条有序链表,并输出这条链表上各个结点的值。结点为一个结构体类型 student 的量,结构体类型 student 包含属性:学号(num,字符串)、姓名(name,字符串)、年龄(age,整型量)、成绩(score,整型量)和 next(指向下一结点的指针)。

要求定义函数:

(1) student * insert(student * head, student * p),head 指向的链表结点已经是按学号排成升序的,将 p 结点插入后,保持学号升序;返回新链表首指针。

(2) student * create( )循环输入多个结点数据,以输入学号−1结束,每输入一个结点数据,动态创建一个结点并调用 insert()函数将该新结点插入,完成有序链表的建立;返回新链表首指针。

（3）void print(student ＊head)输出链表所有结点的数据。

（4）void delChain(student ＊head)释放链表中全部结点的存储空间。

在主函数中,自行设计过程,分别调用上述函数,完成测试工作。

＊14. 用链表实现一个简单的堆栈。所谓堆栈是一种数据结构,类似于一个桶,物品可以按顺序一个一个放进去,再按顺序一个一个取出来。后放进去的物品,先取出来;先放进去的物品,后取出来。本题中把整型量看成物品,把链表看成水桶即堆栈,链表的尾结点是桶底,首结点是桶口,链表的首指针指向首结点,即指向桶口。结点结构如下:

```
struct node
{
    int data;
    struct node ＊next;
};
```

编写函数:

（1）node ＊push(node ＊head, int d);参数 head 是链表首指针。函数完成入栈操作。即以参数 d 作为 data 值构建一个新结点插入到链表的首部,返回新链表首指针。

（2）node ＊pop(node ＊head, int &d);完成出栈操作。将链表首结点的 data 值通过参数 d 带回到主调函数,同时删除首结点并释放其空间,返回新链表首指针。

（3）int getFirst(node ＊head);完成获取栈顶元素操作,即将链表首结点 data 值返回,链表本身不变。

（4）void display(node ＊head);显示堆栈中全体元素,即输出链表中全体结点的值。

（5）void freeStack(node ＊head);撤销堆栈,即释放链表全体结点的空间。

在主函数中,自行设计过程,分别调用上述 5 个函数,完成堆栈的入栈、出栈等测试工作。

提示:初始堆栈为空栈,即链表为空链表,首指针的值为 NULL。

实验十　类和对象

一、目的要求

1. 掌握类和对象的定义及使用方法。
2. 掌握构造函数的定义方法,理解构造函数的作用。
3. 掌握析构函数的定义方法,理解析构函数的作用。

二、实验内容

1. 二维坐标体系中的一条线段可通过两端点坐标（x1, y1）和（x2, y2）来描述。定义一个"线段"类（Line）,其数据成员为两个端点坐标,成员函数包括:

（1）void setPoint1(int, int);设置第 1 点坐标。

（2）void setPoint2(int, int);设置第 2 点坐标。

（3）void getPoint1(int ＊, int ＊);获取第1点坐标,指针做参数。

（4）void getPoint2(int &, int &);获取第2点坐标,引用做参数。

（5）void outputTwoPoint();输出两个端点的坐标。

（6）double length();求出线段的长度。

请编写完整的程序,在主函数中完成上述所有成员函数的测试工作。

2. 定义一个描述日期的类(Date),数据成员包括年(year)、月(month)和日(day)。成员函数包括:

（1）void setYMD(int, int, int);设置年月日。

（2）void getYMD(int ＊, int ＊, int ＊);获取年月日的值,指针做参数。

（3）void getYMD(int &, int &, int &);获取年月日的值,引用做参数。

（4）bool leapYear();若year是闰年,则返回true;否则返回false。判断闰年的条件:若年份能被4整除而不能被100整除,或者年份能被400整除,则该年份是闰年。

（5）void increaseDay();实现日子day加1的操作,注意要考虑每个月不同日子数,可能需要做日月年的“进位”操作。即如果当月的最后一个日子加1,则“进位”到下一个月,当年的最后一个日子加1,则“进位”到下一年。二月份还要考虑是否为闰年。

提示:2月份平年28天、闰年29天,4/6/9/11月的每月30天,其余月份每月31天。

运行时,可用如下日期测试程序的正确性:

2015.2.28(2015年不是闰年)

2015.3.5

2015.4.30

2015.5.30

2015.12.31

2000.2.28(2000年是闰年)

2000.2.29

（6）void show();按year/month/day的格式输出日期,如2015/1/28。

请编写完整的程序,在主函数中定义日期类对象,输入年月日,完成上述所有成员函数的测试工作。

3. 对上一题增加构造函数。

注意:编写程序之前拷贝上题源程序 ex1002.cpp 到 ex1003.cpp 中,然后对 ex1003.cpp 进行修改。参见教材例10.5。

（1）假定默认日期为你编写程序当天的日期。请为 Date 类增加4个构造函数:① 无参数,在函数体中,直接将日期值设置为默认日期。② 只有1个参数用于指定年,月和日在函数体中直接设置为默认日期的月和日。③ 有2个参数用于指定年和月,在函数体中直接设置日为默认日期的日。④ 有3个参数用于指定年、月和日。

（2）增加拷贝初始化构造函数

在主函数中增加对所有的构造函数的测试工作。

提示:定义5个日期类对象,分别测试上述5个构造函数。

问题思考:构造函数和成员函数(如 setYMD())都可以给数据成员赋值,从使用场合的角度考虑,它们的区别是什么? 有了构造函数后,是否就不需要成员函数 setMYD()了?

4. 定义一个描述学生基本情况的类（Student），数据成员包括：姓名（Name）、学号（Num）、数学（Math）、英语（English）、物理（Physics）和C++（Cpp）成绩。

要求：用字符数组实现"姓名"，用字符指针实现"学号"（动态分配存放学号字符串的存储空间）。课程成绩均为整型量。参见教材例10.6。

成员函数包括：

（1）void setNameNo(char * name, char * no);设置姓名和学号，注意需要给学号动态分配空间。

（2）void setScores(int m, int e, int p, int c);设置4门课的成绩。

（3）int total();求出并返回总成绩。

（4）int average();求出并返回平均成绩，要求在本函数中调用total()函数。

（5）void outputInfo();输出一个学生的全部数据，包括平均成绩，要求在本函数中调用average()函数。

请编写完整的程序，在主函数中完成上述成员函数（1）、（2）和（5）的测试工作。注意成员函数（3）和（4）的测试工作在其他成员函数内部完成。

5. 对上一题增加构造函数。注意：编写程序之前拷贝上题源程序 ex1004.cpp 到 ex1005.cpp 中，然后对 ex1005.cpp 进行修改。参见教材例10.6。

（1）增加定义缺省构造函数：

Student(char * Name = NULL, char * Num = NULL,

int Math = 0, int English = 0, int Physics = 0, int Cpp = 0);

完成对类中所有私有数据成员的初始化，需动态分配"学号"的存储空间。

提示：本函数的参数与数据成员同名，为了区分参数和数据成员，解决办法有两种，一是在成员名前加"this ->"，二是在成员名前加类名限定（本题类名限定为 Student::）。

（2）增加定义拷贝构造函数 Student(Student &)。

提示：需要为"学号"动态分配空间，实现"深"拷贝。

（3）增加定义析构函数～Student()，释放"学号"动态空间。

在主函数中完成对所有构造函数和析构函数的测试工作。

6. 把教材例10.15中线性表的元素类型由整型改为字符型，完成该例相同的要求。提示：线性表中的字符可以是 'A', 'B', 'C',...,' * ', '?' 等。请思考，例10.15程序中哪些数据类型需要从 int 修改为 char，哪些不需要修改。

实验十一　静态成员、友元函数和友元类

一、目的要求

1. 掌握静态数据成员的特性。
2. 掌握友元函数的定义方法，理解友元函数的特性。
3. 掌握友元类的定义方法，理解友元类的特性。

二、实验内容

1. 定义一个 Time 类，包含：

私有数据成员：

（1）表示时间的时（hour）分（minute）秒（second），均为整型量。

（2）表示基准时间的时（baseHour）分（baseMinute）秒（baseSecond），均为整型量，而且必须是静态的。基准时间的初始值为 1 小时 10 分 10 秒。

（3）静态成员函数 static int timeToSecond(Time t)；将时间 t 转化为总秒数，返回该秒数。

公有成员函数：

（1）构造函数 Time(int = 0, int = 0, int = 0)；完成对时间的初始化。

（2）静态成员函数 static int timeBaseDiffence(Time t)；计算时间 t 与基准时间相差的总秒数，返回该秒数。提示：将时分秒表示的时间转化为总秒数表示的时间。

（3）void show()；以 hour:minute:second 格式输出时间，例如 1:10:10，表示 1 小时 10 分 10 秒。

友元函数：

friend int diffence(Time t1, Time t2)；返回 t1 和 t2 以秒为单位的时间差(t1−t2)，返回该差值。要求调用成员函数 timeToSecond()分别将 t1 和 t2 转换成总秒数，然后计算差值。

主函数：

（1）定义时间对象 t1，初始化为 1 小时 11 分 2 秒。

（2）定义时间对象 t2，初始化为 1 小时 12 分 50 秒。

（3）输出时间 t1 和 t2。

（4）计算并输出 t1 与基准时间的差值，即(t1−基准时间)，正确结果是 52 秒。

（5）计算并输出 t2 与基准时间的差值，即(t2−基准时间)，正确结果是 160 秒。

（6）计算并输出 t1 与 t2 的时间差，即(t1−t2)，正确结果是 −108 秒。

* 2.请用面向对象的方法实现单向链表。

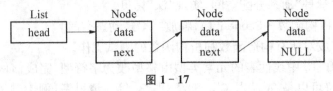

图 1－17

要求：

（1）定义一个结点类 Node，结构如图 1−17 所示。data 是一个整型量，next 是指向下一结点的指针。

（2）定义一个链表类 List 作为 Node 类的友元类，其私有数据成员 Node ＊ head 为指向链表头结点的指针。List 类包含以下成员函数：

① 缺省构造函数 List()；创建一个空链表。

② 构造函数 List(int d)；生成结点数据域值为 d 的单结点链表。

③ void print()输出链表各结点值。

④ void append(int d = 0)；追加结点，即构造一个 data 值为 d 的 Node 结点，将该结点连接到原链表尾部，成为新的尾结点。算法：通过链表首指针，遍历链表，查找到链表尾结点后，将新结点连接到链表尾部。

⑤ 析构函数,释放链表所有结点存储空间。

(3) 在主函数中自行设计流程,测试所定义的类,实现单向链表的建立、结点添加、链表输出等操作。

实验十二　继承和派生类

一、目的要求

1. 掌握单一继承、多重继承以及派生类的定义和使用方法。

2. 掌握在派生类中初始化基类成员的方法。

二、实验内容

1. 单一继承。定义描述平面直角坐标系上的一个点的类 Point,并作为基类,派生出一个圆类 Circle(增加半径属性),由 Circle 类再派生出圆柱体类 Cylinder(增加高度属性)。在主函数中完成对圆柱体类 Cylinder 的测试工作,测试时应该调用所有的成员函数,包括从基类继承的。要求在派生类构造函数的成员初始化列表中完成对基类数据成员的初始化。

三个“类”成员的构成如下:

(1) 点类 Point:

保护的数据成员:

int x, y;存放点坐标。请思考,这里为什么要使用保护数据成员?

公有成员函数:

① 构造函数,两个整型参数的缺省值均为 0,用于初始化 x 和 y。

② 拷贝构造函数。

③ void setPoint(int, int);设置点坐标。

④ void getPoint(int *, int *);获取点坐标,指针做参数。

⑤ void show();输出点坐标。

(2) 圆类 Circle:公有继承点类,将基类的点作为圆心坐标。

保护的数据成员:

int radius;半径。

公有成员函数:

① 构造函数,三个整型参数的缺省值均为 0,用于初始化 x、y 和 radius。

② 拷贝构造函数。

③ void setRadius(int);设置半径值。

④ void getRadius(int &);获取半径值,引用做参数。

⑤ double area();计算圆的面积。

⑥ void show();显示圆心坐标、半径和面积。

(3) 圆柱体类 Cylinder:公有继承圆类,将基类的圆作为圆柱体的底面。

保护的数据成员:

int height;圆柱体的高度。

公有成员函数：

① 构造函数，四个整型参数的缺省值均为 0，用于初始化 x、y、radius 和 height。

② 拷贝构造函数。

③ void setHeight(int)；设置高度值。

④ void getHeight(int *)；获取高度值，指针做参数。

⑤ double volume()；计算圆柱体的体积。

⑥ void show()；显示圆柱体的圆心坐标、半径、高度和体积。

2. 多重继承。定义一个描述日期(年、月、日)的类 Date、一个描述时间(时、分、秒)的类 Time，并由这两个类公有多重派生出**日期时间类 DateTime**。主函数完成对日期时间类 DateTime 的测试，即通过一个 DateTime 类对象调用成员函数完成测试工作。要求如下：

(1) 定义普通函数

void itoa(int n, char * s)将整数 n 转换成对应的十进制数字字符串并存放到 s 所指向的串，例如若 n 是 168，则结果串 s 中存储的是"168"。此函数是公用函数，供以下两个类的成员函数调用。

(2) 定义日期类 Date

私有数据成员：

int year, month, day；分别存放年、月、日的值。

公有成员函数：

① 构造函数：三个整型参数，完成年、月、日的初始化。

② void setDate(int, int, int)；设置年、月、日的值。

③ void getDate(char *)；将年、月、日转换成格式为"yyyy /mm /dd"(例如"2015 /1 / 30")的字符串，存入参数所指向的字符串中。提示：调用函数 itoa()将年、月、日数值分别转换成字符串，然后拼接。

(3) 定义时间类 Time

私有数据成员：

int hour, minute, second；分别存放时、分、秒的值。

公有成员函数：

① 造函数：三个整型参数，完成时、分、秒的初始化。

② void setTime(int, int, int)；设置时、分、秒的值。

③ void getTime(char *)；将时、分、秒转换成格式为"hh:mm:ss"(例如"12:30:20")的字符串，存入参数所指向的字符串中。提示：调用函数 itoa()实现将数值转换成字符串。

(4) 日期时间类 DateTime：公有多重继承，继承日期类和时间类。

公有成员函数：

① 构造函数：初始化日期、时间。

② void setDateTime(int, int, int, int, int, int)设置日期时间的值。

③ void getDateTime(char *)将日期和时间分别转换成字符串后，拼接到参数所指向的字符串中。结果字符串包含日期和时间，格式形如 "2015/1/30　12:30:20"。

提示：上述所有以字符指针 char * 为参数的函数，字符串的空间全部都是在主调函数中定义的字符数组。

* 实验十三 多态性

一、目的要求

1. 掌握用成员函数重载运算符的方法。
2. 掌握用友元函数重载运算符的方法。
3. 理解虚函数的特性,并掌握利用虚函数实现动态多态、编写通用程序的方法。

二、实验内容

1. 定义一个复数类 Complex,用成员函数重载运算符＝、＋＝,用友元函数重载运算符＋、－,实现两个复数间的运算。另外还要定义成员函数 show()用于显示复数。构成一个完整的程序,测试各种运算符的正确性。

2. 定义描述平面上一个点的类 Point,重载"++"和"−−"运算符,并区分这两种运算符的前置和后置运算。要求用成员函数实现"++"的前置和后置运算;用友元函数实现"−−"的前置和后置运算。说明:对点的"++"和"−−"操作表示坐标点的横坐标和纵坐标同时加 1和减 1。另外还要定义成员函数 show()用于显示坐标点。编写主函数,构成一个完整的程序,测试各种前置和后置形式的运算符重载的正确性。

完成程序后请思考,从实现的角度看,前置运算符重载函数可以返回引用也可以返回对象,返回引用和返回对象的区别是什么? 后置运算符重载函数只能返回对象,为什么?

3. 建立一个字符串类 String(注意类名第一个字母必须是大写),以实现字符串的整体赋值、相加、比较等操作,在主函数中完成对类的测试工作。String 类包含成员如下:

(1) 私有数据成员

① char ＊ str;字符串的首地址。注意:存放字符串的空间需要动态申请。

② int len;字符串的长度。

(2) 公有成员函数

① String(char ＊ = NULL);构造函数,动态申请存储空间用于存放字符串的值。

② String(String&);拷贝构造函数。

③ ～String();析构函数,释放字符串动态空间。

④ void set(char ＊ s);设置字符串的值。

⑤ void show();显示字符串。

⑥ int getLen();返回字符串长度值。

⑦ void delChar(char);删除字符串中由参数指定的字符,若出现多处,均需删除。

⑧ String& operator = (String &);重载"="运算符,实现字符串的赋值。

⑨ String& operator += (String &);重载"+="运算符,实现两字符串的连接赋值。

⑩ bool operator == (String &);重载"=="运算符,比较两字符串,相等返回 true,否则返回 false。

(3) 友元函数

friend String operator + (String &, String &);重载"+"运算符,实现两字符串的连接。

4. 利用虚函数实现动态多态,求四种几何图形的面积之和。四种几何图形分别为:三角形、矩形、正方形和圆形。几何图形的数据成员可以通过构造函数或通过成员函数来设置。四种图形类的类名和包含的数据成员分别为:

- 三角形类 Triangle:底边长 w 和高度 h。
- 矩形类 Rectangle:长 w 和宽 h。
- 正方形类 Square:边长 s。
- 圆类 Circle:半径 r。

这四个类均包含① 构造函数;② 虚函数 area()用于计算面积;③ 虚函数 setData()用于设置数据成员值。

要求:

(1) 定义一个包含两个纯虚函数的抽象类如下:

```cpp
class Shape
{
    public:
    virtual float area() = 0;                        //计算图形面积
    virtual void setData(float, float = 0) = 0;   //设置图形数据成员值
};
```

(2) 由抽象类 Shape 派生四个几何图形类。例如,三角形类的派生如下:

```cpp
class Triangle: public Shape
{
    float w, h;
    public:
    Triangle(float w = 0, float h = 0)
    {   this->w = w; this->h = h; }
    float area() {   return w * h /2; }
    void setData(float ww, float hh = 0) { w = ww; h = hh; }
};
```

其余三个图形类的派生类请自行给出。提示:setData()函数的第 2 个参数如果不需要(例如初始化正方形类时,只需要 1 个参数即边长)也必须给出,以保持跟基类的原型一致,否则在派生类中就不是虚函数,而是函数重载了。

(3) 在主函数中定义四个图形对象,定义一个指向基类 Shape 的指针 p,并使其按顺序依次分别指向这四个图形对象,每当 p 指向一个对象时,通过它调用 setData() 和 area() 成员函数完成对象数据成员值的设置和求面积,分别输出四个面积。

实验十四　输入/输出流

一、目的要求

* 1. 掌握插入和提取运算符重载的方法。

* 2. 掌握类型转换函数的定义方法。

3. 掌握文本文件的使用方法。

4. 了解文本文件流和二进制文件流在操作上的区别。

二、实验内容

* 1. 定义一个学生类 Student，数据成员包含：姓名、学号、C++成绩、数学成绩和物理成绩，要求姓名、学号用字符数组实现，成绩用整型量实现。定义插入提取运算符"<<"、">>"的重载函数，实现学生类对象的整体输入和输出。定义类型转换函数，分别实现姓名和总成绩的转换，即可以完成下述操作：

Student stud;

char * p;

int total;

cin >> stud;　　//输入学生信息，需定义提取运算符重载函数 operator >>

cout << stud;　//输出学生信息，需定义插入运算符重载函数 operator <<

p = stud;　//结果 p 指向姓名字符串，需定义类型转换函数 operator char * ( )

total = stud;　//结果 total 获得三门课的总成绩，需定义类型转换函数 operator int()

编写主函数，构成一个完整的程序，验证各重载运算符以及类型转换函数的正确性。验证顺序可以是上述语句序列，再加上两个输出语句，即输出 p 指向的姓名以及总成绩 total。

2. 编写程序将 1~100 这 100 个数的平方、平方根输出到一个数据文件 table.txt 中。结果数据文件，在记事本中查看，内容如图 1－18 所示。

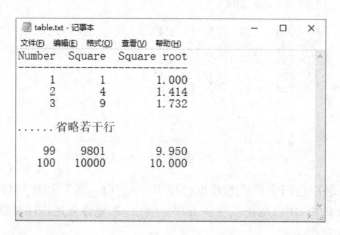

图 1－18

要求：可自行设计表头的各列宽度。输出的平方根小数点后保留 3 位数。输出小数点后 3 位数的格式设定，参见实验八第 2 题，或参见教材例 14.7。

3. 一个班全体学生的一门课成绩存于文本文件 scores.txt 中，在记事本中查看，文件内容如图 1－19 所示。

提示，该数据文件教师共享给同学，不需要同学自己建立。

编写程序读入该文件中全体学生的成绩，统计其中 90~100、80~89、70~79、60~69 以

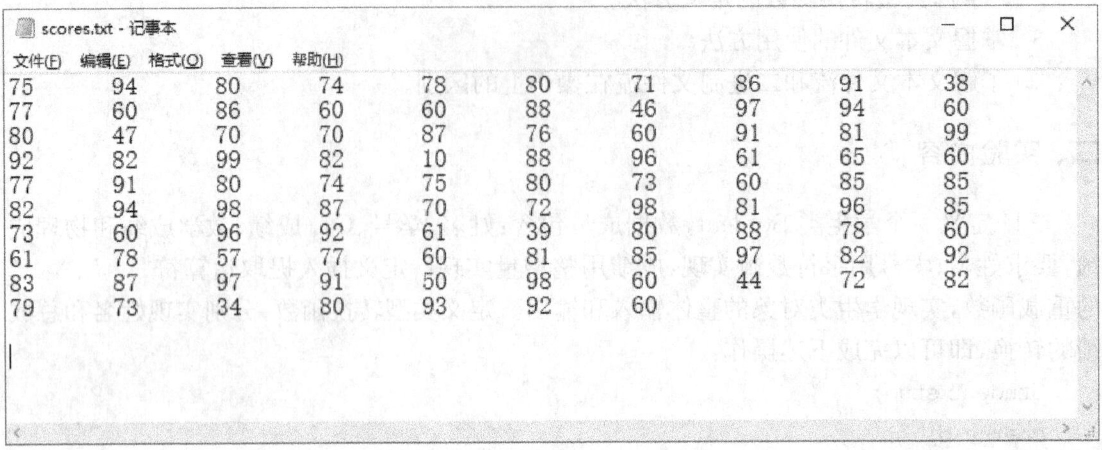

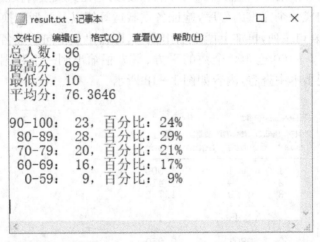

图 1－19

及小于 60 分的各分数段的人数以及占总人数的百分比(小数点后四舍五入),统计总人数和平均成绩,统计最高分和最低分,将统计结果写入结果文件 result.txt,该文件内容和格式,在记事本中查看,如图 1－20 所示。

图 1－20

4. 已知两个文件,它们中存放的数据已按升序排列好,编写程序将该两个文件中的数据合并到第三个文件中,使数据仍然保持升序。要求:**不允许使用排序算法**。

假定两个已知数据文件:

w1.txt 的内容为 1　2　8　10

w2.txt 的内容为 2　3　8　9　12　15

合并后的文件取名为 w3.txt,其内容应为 1　2　2　3　8　8　9　10　12　15。

算法提示:可以先将两个已知数据文件中的数据读入,分别存入两个数组,然后用两个下标依次扫描两个数组,初始时两个下标值均为 0,比较两个数组当前下标对应的元素,将较小者写入文件,然后其下标加 1,另一个下标不动,重复上述操作直到一个数组中的全体元素全部写入结果文件,结束循环。然后将另一数组中余下的元素依次写入结果文件。

5. 在主函数中,从键盘输入一个 4×4 矩阵,存入二维数组 a 中,将 a 数组中的数据以二维形式写入文本文件 data.txt。然后再从该文件中读出数据,存入另一个 4×4 二维数组 b 中,将 b 数组的第 1 行和第 3 行交换元素值后,输出到屏幕上。要求在函数 exchange() 中实现二维数组元素交换,以数组 b 做函数实参。

函数原型为 void exchange(int a[ ][4], int row1, int row2),该函数完成将 a 数组的第 row1 行和第 row2 行的交换。这里的行号从 1 开始。

例如,若输入数据如下:

1 1 1 1<回车>

2 2 2 2<回车>

3 3 3 3<回车>

4 4 4 4<回车>

则输出结果为:

  3   3   3   3

  2   2   2   2

  1   1   1   1

  4   4   4   4

在记事本中查看,文件 data.txt 的内容如图 1-21 所示。

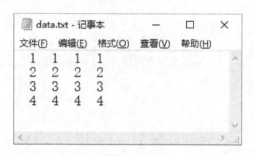

图 1-21

*6. 完成与上一题一样的功能,但要求数据文件为二进制文件 data.bin。

*7. 编写程序实现文本文件的显示。通过键盘输入待显示的文件名,将文件内容显示在屏幕上。参见教材例 14.20 和例 14.21。

*8. 编写程序实现文件的复制。通过键盘输入源文件名和目标文件名。参见教材例 14.22。

第二部分

各章知识点、例题及
解析、练习题

第1章　C++概述

一、本章知识点

1. main 函数的概念
2. C++程序的基本结构
3. 程序的开发过程

二、例题、答案和解析

知识点 1：main 函数的概念

【题目】在一个C++程序中_____。

A）main 函数必须出现在所有函数之前

B）main 函数可以在任何地方出现

C）main 函数必须出现在所有函数之后

D）main 函数必须出现在固定位置

【答案】B

【解析】C++程序可由多个函数组成，main 函数可以书写在任何位置。无论 main 函数的位置如何，程序总是从 main 函数开始执行，也在 main 函数中结束执行。

知识点 2：C++程序的基本结构

【题目】以下叙述中正确的是_____。

A）C++程序中注释部分可以出现在程序中任意合适的地方

B）花括号"｛"和"｝"只能作为函数体的定界符

C）构成C++程序的基本单位是函数，所有函数名都可以由用户命名

D）分号是C++语句之间的分隔符，不是语句的一部分

【答案】A

【解析】C++中有两种注释，其中/ * … * /可以对程序中任意合适的地方任意多行字符进行注释。另一种注释是以//开头出现在一行语句末尾的注释。花括号"｛"和"｝"不但可以作为函数体的界定符，还可以界定复合语句。构成C++程序的基本单位是函数，有一部分函数是系统函数，系统函数的函数名是固定的，用户不可以修改。只有用户自定义的函数才可以由用户命名。C++程序的每一条语句都要用分号结尾，分号是语句必不可少的一部分。

知识点 3：程序的开发过程

【题目】编写C++程序一般需经过的几个步骤依次是_____。

A）编辑、调试、编译、连接　　　　　　B）编辑、编译、连接、运行

C）编译、调试、编辑、连接　　　　　　D）编译、编辑、连接、运行

【答案】B

【解析】C++程序处理经过编辑、编译、连接和运行四个步骤。编辑是将C++源程序输入计算机的过程,保存为.cpp 文件。编译是使用系统提供的编译器将源程序.cpp 文件生成机器语言目标文件的过程。目标文件为.obj 文件,由于没有得到系统分配的绝对地址,还不能直接运行。连接是将目标文件.obj 与库程序连接生成可执行程序的过程,结果为.exe 文件。运行是执行.exe 文件,在屏幕上显示结果的过程。

三、练习题

1. 以下叙述中正确的是_____。

A) 构成C++程序的基本单位是函数

B) 可以在一个函数中定义另一个函数

C) main()函数必须放在其他函数之前

D) 所有被调用的函数一定要在调用之前进行定义

2. 以下关于函数的叙述中正确的是_____。

A) 每个函数都可以被其他函数调用(包括 main 函数)

B) 每个函数都可以被单独编译

C) 每个函数都可以单独运行

D) 在一个函数内部可以定义另一个函数

3. 下四个程序中,完全正确的是_____。

A)
```
# include < iostream >
using namespace std;
int main();
{ /* programming * /
cout <<"programming!\n";
return 0;}
```

B)
```
# include < iostream >
using namespace std;
int main()
{ /* /programming /* /
}cout <<"programming!\n";
return 0;}
```

C)
```
# include < iostream >
using namespace std;
int main()
{ /* /* programming * /* /
cout <<"programming!\n";
return 0;}
```

D)
```
# include < iostream >
using namespace std;
int main()
{ /* programming * /
cout <<"programming!\n";
return 0;}
```

4. 以下叙述中错误的是_____。

A) C++语言源程序经编译后生成后缀为.obj 的目标程序

B) C++语言经过编译、连接步骤之后才能形成一个真正可执行的二进制机器指令文件

C) 用C++语言编写的程序称为源程序,它以 ASCII 代码形式存放在一个文本文件中

D) C++语言的每条可执行语句和非执行语句最终都将被转换成二进制的机器指令

5. C++语言中,编译后生成的文件扩展名为_____。

A) *.cpp   B) *.obj   C) *.exe   D) *.h

6. 下列选项中,不属于C++程序开发步骤的是_____。

A) 编辑   B) 编译   C) 解释   D) 连接

第2章 数据类型、运算符和表达式

一、本章知识点

1. 保留字和标识符的概念
2. C++的基本数据类型
3. 常量的概念
4. 变量和常变量的概念
5. 算术运算符和算术表达式
6. 关系运算符和关系表达式
7. 逻辑运算符和逻辑表达式
* 8. 位运算符和位运算表达式
9. 自增、自减运算符和表达式
10. 赋值运算符和赋值表达式
11. 逗号运算符和逗号表达式
12. 表达式中的类型转换
13. 赋值时的类型转换

二、例题、答案和解析

知识点1：保留字和标识符的概念

【题目】以下选项中合法的用户标识符是_____。

A) long   B) _2Test   C) 3Dmax   D) A.dat

【答案】B

【解析】标识符不能使用保留字，只能由字母、数字及下划线组成，且第一个字符必须是字母或者下划线，中间不能有空格。A选项为保留字，C选项以数字开头，D选项中使用了"."非法字符，都不符合标识符规范。

知识点2：C++的基本数据类型

【题目】以下选项中属于C++语言的基本数据类型是_____。

A) 复数型   B) 几何型   C) 双精度型   D) 集合型

【答案】C

【解析】C++中定义了一组表示整数、浮点数、单个字符和布尔值的基本数据类型。另外还定义了一种叫作void的特殊基本数据类型。其中浮点数分为单精度型和双精度型浮点数，除此以外，没有其他选项描述的数据类型。

知识点3：常量的概念

【题目】以下选项中合法的字符常量是_____。

A) "B"   B) '\010'   C) 68   D) D

【答案】B

【解析】字符常量一般用单引号括起来表示一个字符,如 'A' 表示字母 A。C++还允许用一种特殊形式的字符常量,就是以 '\' 开头的字符序列,称为转义字符常量。不管是普通字符常量还是转义字符常量,都需要用单引号括起来。B 选项属于转义字符常量,其中的 010 是一个字符的八进制的 ASCII 码值。另外 2 种转义字符如 '\t' 和 '\xA5',其中的 A5 是一个字符的十六进制的 ASCII 码值。

知识点 4:变量和常变量的概念

【题目 1】下列变量定义中合法的是_____。

A) short _a = 1.0e-1;　　　　　　　　B) double b = 1 + 5e2.5;

C) long do = 0xfdaL;　　　　　　　　D) float 2_and = 1 - e-3;

【答案】A

【解析】选项 B 中初始值的浮点数格式有误,e 后面的指数部分必须是整型数。选项 C 中的变量名 do 与保留字同名,所以错误。选项 D 变量名 2_and 数字开头,违反了标识符的规范,所以错误。

【题目 2】如果要把 PI 声明为值为 3.14159 类型为双精度实数的符号常量,该声明语句是_____。

【答案】const double PI(3.14159);或者 const double PI = 3.14159;

【解析】带有数据类型的符号常量,不能使用宏定义,必须使用常变量来定义。使用 const 声明符号常量,常量赋初值可以用括号也可以用赋值号。

知识点 5:算术运算符和算术表达式

【题目】表达式 3.6 - 5 / 2 + 1.2 + 5 % 2 的值是_____。

A) 4.3　　　　　　B) 4.8　　　　　　C) 3.3　　　　　　D) 3.8

【答案】D

【解析】算术运算符中乘除的优先级比加减高。表达式中 5/2 整除得 2、5 % 2 取余数为 1。另外,注意运算符 % 只能用于整型量,如 5.0 % 2 这样的表达式是错误的。

知识点 6:关系运算符和关系表达式

【题目】在以下一组运算符中,优先级最高的运算符是_____。

A) <=　　　　　　B) =　　　　　　　C) %　　　　　　D) &&

【答案】C

【解析】在C++的运算符优先级中,算术运算符优先级高于关系运算符优先级,关系运算符优先级又高于二元逻辑运算符。C 选项是算术运算符,所以优先级最高。

知识点 7:逻辑运算符和逻辑表达式

【题目】已知 int a = 5, b = 6, c = 7, d = 8, m = 2, n = 2;,则逻辑表达式(m = a>b)&&(n = c>d)运算后,n 的值为_____。

A) 0　　　　　　　B) 1　　　　　　　C) 2　　　　　　　D) 3

【答案】C

【解析】逻辑运算从左向右,先处理(m = a>b),a>b 为假,m 为零,即表达式(m = a>b)为 0。由于C++编译器对逻辑运算进行优化处理,一旦检测到“&&”运输符左侧为假,即判定整个表达式的值为假,右侧的表达式不再计算。因此 n 变量的值没有改变,仍然为原值 2。

＊知识点 8:位运算符和位运算表达式

【题目】设有以下语句

int a = 1, b = 2, c;

c = a^(b << 2);

执行后,c 的值为_____。

A) 6　　　　　　　B) 7　　　　　　　C) 8　　　　　　　D) 9

【答案】D

【解析】首先对 b 变量左移 2 位得到 8,最低 8 位二进制形式是 00001000,a 变量最低 8 位二进制是 00000001。两者异或,a 和 b 对应二进位相同则结果得 0,不同则结果得 1,最终低 8 位二进位是 00001001,赋值给 c 变量,按整数读取为 9。注意 a 和 b 的前 3 个字节均为 0,异或结果也为 0。

知识点 9:自增、自减运算符和表达式

【题目】下列关于单目运算符++、--的叙述中正确的是_____。

A) 它们的运算对象可以是任何变量和常量

B) 它们的运算对象可以是 char 型变量和 int 型变量,但不能是 float 型变量

C) 它们的运算对象可以是 int 型变量,但不能是 double 型变量和 float 型变量

D) 它们的运算对象可以是 char 型变量、int 型变量和 float 型变量

【答案】D

【解析】自增、自减运算符可以对任何类型的变量进行操作,包括 char 型、int 型和 float 型。由于自增、自减运算符需要对数据进行修改,所以常量或者表达式等不能修改的量,不可以进行自增、自减操作。

知识点 10:赋值运算符和赋值表达式

【题目】已知 int a = 3;,则执行完表达式 a+=a-=a*a 后,a 的值是_____。

A) -3　　　　　　　B) 9　　　　　　　C) -12　　　　　　　D) 6

【答案】C

【解析】赋值运算符的结合性是右结合,从右向左首先计算右侧赋值表达式 a=a-a*a,由于赋值表达式的值就是赋值号左侧变量的值,所以计算完毕,a 的值为 -6,表达式的值也为 -6。再计算 a=a+<右侧赋值表达式>,计算完毕,a 的值为 -12,整个表达式的值也为 -12。

知识点 11:逗号运算符和逗号表达式

【题目】设有如下程序段:

int x = 2002, y = 2003;

cout <<(x, y)<<"\n";

则以下叙述中正确的是_____。

A) 编译时产生出错信息,不能正确输出

B) 输出 2002,2003

C) 输出值为 2002

D) 输出值为 2003

【答案】D

【解析】输出语句中嵌入输出表达式是逗号表达式,逗号表达式的值是其最后一项的值,因此输出的是 y 变量的值。

知识点 12:表达式中的类型转换

【题目】设变量 x 为 float 型且已赋值,则以下语句中能将 x 中的数值保留到小数点后两位,并将第三位四舍五入的是_____。

A) x = x * 100 + 0.5 /100.0;　　　　　　B) x = (x * 100 + 0.5) /100.0;

C) x = (int)(x * 100 + 0.5) /100.0;　　　　D) x = (x /100 + 0.5) * 100.0;

【答案】C

【解析】(x*100+0.5)可以使得浮点型变量 x 的值放大 100 倍把原来小数点后的 2 位数变成整数,然后通过加上 0.5 对原小数点后第三位进行四舍五入。但选项 A 没有括号,对 0.5 除以 100 达不到四舍五入的要求,需要排除。只有 C 选项对括号内的表达式进行了强制类型转换,把结果转换成整型,这样就把小数点后第三位开始的小数全部舍弃,然后再除以 100.0 达到最终要求,所以答案为 C。

知识点 13:赋值时的类型转换

【题目】下列程序段的输出是_____。

short int i = 65536;　　cout << i << endl;

A) 65536　　　　　　　　　　　　　　　　B) 0

C) 有语法错误,无输出结果　　　　　　　D) -1

【答案】B

【解析】整数 65536 默认为 int 类型,共占用 4 个字节的空间,其二进制格式为 00000000 00000001 00000000 00000000。而 short int 类型只占用 2 个字节的空间。当把长数据空间的数据赋值给短数据空间时,遵守低位截断的规则,把低 16 位的 16 个二进制 0 赋值给了变量 i,所以答案为 B。

三、练习题

1. 字符串"a + b = 12\ n\t"的长度为_____。

A) 12　　　　　　　B) 10　　　　　　　C) 8　　　　　　　D) 6

2. 以下选项中,均不能作为用户标识符的选项是_____。

A) A,P_0,do　　　　　　　　　　　　　　B) float,2a0, - A

C) b_a,goto,int　　　　　　　　　　　　D) - 123,temp,INT

3. 关键字 unsigned 不能修饰的类型是_____。

A) char　　　　　　B) int　　　　　　C) float　　　　　D) long int

4. 下列叙述中,错误的是_____。

A) "x"是一个字符型常量　　　　　　　　B) 2.71828 是一个 double 常量

C) true 是一个逻辑型常量　　　　　　　　D) 100 是一个 int 常量

5. 下列表述中,错误的是_____。

A) 1481 是一个 int 常量　　　　　　B) false 是一个逻辑型常量

C) "0"是一个字符型常量　　　　　　D) 1.732 是一个 double 常量

6. 若有以下程序段,

int c1 = 1, c2 = 2, c3;

c3 = 1.0 /c2 * c1;

则执行后,c3 中的值是_____。

A) 0　　　　　　B) 0.5　　　　　　C) 1　　　　　　D) 2

7. 能正确表示逻辑关系:"0≤a≤10"的C++语言表达式是_____。

A) a <= 10 and a >= 0　　　　　　B) 0 <= a <= 10

C) a <= 10 &&a >= 0　　　　　　D) a <= 10 ‖ a >= 0

8. 判断 char 型变量 c1 是否为小写字母的正确表达式是_____。

A) 'a' <= c1 <= 'z'　　　　　　B) c1 >= a&&c1 <= z

C) 'a' >= c1 ‖ 'z' <= c1　　　　　　D) c1 >= 'a'&&c1 <= 'z'

9. 常量 4.2、4.2f、4L 的数据类型分别是_____。

A) float、float、long　　　　　　B) double、double、float

C) double、float、long　　　　　　D) float、float、double

10. 下列选项中,不能表示字符常量的是_____。

A) '\t'　　　　　　B) '\xy2sr'

C) '\102'　　　　　　D) 'd'

11. 设 x, y, z, t 均为 int 型变量,则执行以下语句后,t 的值为_____。

x = y = z = 1;

t = ++x‖++y&&++z;

A) 不定值　　　　　　B) 2　　　　　　C) 1　　　　　　D) 0

12. 设有变量说明 int a, b; float x, y;,以下C++语句中存在语法错误的语句是_____。

A) y = x%a;　　　　　　B) y = x++ +x;

C) y = a+b>x+y?a:b;　　　　　　D) a = x+y;

13. 设 x 为 int 型变量,则执行以下语句后,x 的值为_____。

x = 10; x+ =x- =x-x;

A) 10　　　　　　B) 20　　　　　　C) 40　　　　　　D) 30

14. 执行语句序列 int a = 10, b = 15, c;c = a‖(a+ =b)‖(++b);后,变量 a、b 和 c 的值分别为_____。

A) 10,15,1　　　B) 25,16,1　　　C) 10,15,10　　　D) 25,15,1

15. 设有说明语句:int a = 1, b = 2; float x = 3, y = 4;以下赋值中存在语法错误的是_____。

A) a =++x;　　　B) y =++b;　　　C) b++ =x++;　　　D) b+ =x++ + y++

16. 有如下程序

int main( )

```
{    int y = 3, x = 3, z = 1;
     cout <<(++x, y++ )<< z + 2 << endl;
     return 0;
}
```

运行该程序的输出结果是_____。

A) 3 4　　　　　　　B) 4 2　　　　　　　C) 4 3　　　　　　　D) 3 3

17. 设 a 和 b 均为 double 型变量，且 a＝5.5，b＝2.5，则表达式（int）a＋b/b 的值是_____。

A) 6.500000　　　　B) 6　　　　　　　C) 5.500000　　　　D) 6.000000

18. 下列程序段的输出是_____。

unsigned short i = 65538;　　cout << i << endl;

A) 65538　　　　　　　　　　　　　B) 有语法错误，无法编译通过

C) 0　　　　　　　　　　　　　　　D) 2

19. 关于用 const 定义的符号常量，下列叙述错误的是_____。

A) 定义符号常量时必须进行初始化

B) 每个符号常量都有其特定的数据类型

C) 符号常量在使用前必须先进行定义

D) 符号常量定义之后可以被改变

第3章 简单的输入/输出

一、本章知识点

1. 输出流 cout 的使用
2. 输入流 cin 的使用

二、例题、答案和解析

知识点 1：输出流 cout 的使用

【题目 1】要利用C++流实现输入输出的各种格式控制，如控制输出宽度 setw 等，必须在程序中包含的头文件是_____。

A) fstream   B) istream   C) ostream   D) iomanip

【答案】D

【解析】要使用 setw、fixed 等操作符，必须包含 iomanip 这个头文件。

【题目 2】下列语句都是程序运行时的第 1 条输出语句，其中一条语句的输出效果与其他三条语句不同，该语句是_____。

A) cout << internal << 12345;   B) cout << left << 12345;

C) cout << right << 12345;   D) cout << setw(6) << 12345;

【答案】D

【解析】A、B、C 选项只给出了对齐方式，没有给出输出数据的宽度，系统按照实际宽度输出，均输出 12345，无区别。选项 D 给出了输出宽度为 6 个字符空间，而实际只有 5 个数字输出，默认右对齐，左侧补一个空格。所以选 D。

知识点 2：输入流 cin 的使用

【题目】下面关于C++流的叙述中，正确的是_____。

A) cin 是一个输入流对象

B) 可以用 ifstream 定义一个输出流对象

C) 执行语句序列 char * y = "PQMN"; cout << y;将输出字符串"PQMN"的地址

D) 执行语句序列 char x[80]; cin.getline(x,80);时，若键入 Happy new year <回车>，则 x 中的字符串是"Happy"

【答案】A

【解析】选项 B 中 ifstream 类对应的是输入流对象，所以错误。选项 C 中，cout 检测到字符指针时不会输出地址，而是输出字符串内容。选项 D 中，cin.getline()函数读取字符串时不是遇到空格停止，而是遇到用户输入的回车才停止。所以 x 数组可以得到带空格的字符串，而不是得到第一个单词。选项 D 中的输入语句若改为 cin >> x;，则读取并存储在 x 中的字符串为"Happy"。本题只有 A 选项是正确的。

三、练习题

1. 对于语句 cout << endl << x; 中的各个组成部分,下列叙述中错误的是_____。

A) "cout"是一个输出流对象

B) "endl"的作用是输出回车换行

C) "x"是一个变量

D) "<<"称作提取运算符

2.  ```cpp
    # include < iostream >
    using namespace std;
    int main()
    {
        int x = 023;
        cout <<-- x;
        return 0;
    }
    ```

程序输出为:_____。

A) 17　　　　　　　B) 18　　　　　　　C) 23　　　　　　　D) 24

3. C++系统预定义了 4 个用于标准数据流的对象,下列选项中不属于此类对象的是_____。

A) cset　　　　　　B) cin　　　　　　C) cout　　　　　　D) cerr

4. 下列关于输入流类成员函数 getline() 的表述中,错误的是_____。

A) 该函数读取字符串时,遇到终止符便停止

B) 该函数读取字符串时,可以包含空格

C) 该函数读取的字符串长度受限

D) 该函数是专门用来读取键盘输入的字符串的

5. 假设变量 d 的地址为 0x0012FF40,若有语句序列

double d = 20.13, &ref = d;

cout << d << '-' << &ref << endl;

则执行以上语句序列后的输出结果为_____。

A) 0x0012FF40 - 20.13

B) 20.13 - 20.13

C) 20.13 - 0X0012FF40

D) 0x0012FF40 - 0x0012FF40
    ```

第4章 C++的流程控制

一、本章知识点

1. C++语句的分类和基本概念
2. if 语句的使用
3. 条件运算符的使用
4. switch 语句的使用
5. while 语句的使用
6. for 语句的使用
7. do-while 语句的使用
8. break 语句和 continue 语句

二、例题、答案和解析

知识点 1:C++语句的分类和基本概念

【题目】以下叙述中错误的是_____。

A) C 语句必须以分号结束

B) 复合语句在语法上被看作一条语句

C) 空语句出现在任何位置都不会影响程序运行

D) 赋值表达式末尾加分号就构成赋值语句

【答案】C

【解析】空语句如果出现在循环语句或者 if 语句后面,可能会导致条件判断和后面的语句分离,从而影响程序的执行流程。例如,程序段如下:

```
for( int i = 1, sum = 0; i <= 100; i++ );
    sum += i;
```

本欲求 1~100 之和,但程序段执行完毕,sum 的值为 101。原因是 for 语句行的最后加了一个分号,此处分号为空语句、表示空循环体,循环结束后 i 的值为 101, sum 的值为 0。然后执行独立的语句 sum += i;,该语句不是 for 语句的循环体,结果 sum 为 101。

知识点 2:if 语句的使用

【题目 1】有以下程序:

```
int main()
{    int a = 3, b = 4, c = 5, d = 2;
    if(a > b)
        if(b > c)
            cout << d++ +1;
        else
```

```
        cout <<+ + d + 1;
        cout << d <<"\ n";
        return 0;
    }
```

程序运行后的输出结果是_____。

A) 2　　　　　　　　B) 3　　　　　　　　C) 43　　　　　　　　D) 44

【答案】A

【解析】程序首先执行判断 a>b,结果为假,则内嵌的 if-else 语句不会执行。然后执行 if 语句后面的输出语句,d 变量的值保持不变,所以输出 2。

【题目 2】下列条件语句中,功能与其他语句不同的是_____。

A) if(a) cout << x <<"\ n";　　else cout << y <<"\ n";

B) if(a == 0) cout << y <<"\ n";　　else cout << x <<"\ n";

C) if (a! = 0) cout << x <<"\ n";　　else cout << y <<"\ n";

D) if(a == 0) cout << x <<"\ n";　　else cout << y <<"\ n";

【答案】D

【解析】选项 A 中,单独写 a 变量表示 a! ＝0。其中 A、B、C 选项都是表示 a 不等于 0 则输出 x 变量的值,而 a 等于 0 输出 y 变量的值。只有选项 D 与前三项相反,所以答案为 D。

知识点 3:条件运算符的使用

【题目】与 y= x>0?1:x<0? -1:0;的功能相同的 if 语句是_____。

A) if (x>0) y = 1;
　　 else if(x<0)y =- 1;
　　　　 else y = 0;

B) if(x)
　　 if(x>0)y = 1;
　　　 else if(x<0)y =- 1;
　　　　　 else y = 0;

C) y =- 1
　　 if(x)
　　 if(x>0)y = 1;
　　 else if(x == 0)y = 0;
　　　　 else y =- 1;

D) y = 0;
　　 if(x>0)y = 1;
　　 if(x > = 0)
　　 else y =- 1;

【答案】A

【解析】首先分析条件运算结果,当 x>0 时 y 为 1,当 x<0 时 y 为 -1,当 x==0 时,y 为 0。选项 B 中 if(x)表示判断 x 不等于 0,当条件成立后再进一步判断,这样,无法处理 x 等于 0 的情况,最后一个分支 y=0 无法执行到。选项 C 中先设置 y 变量的值为 -1,然后只处理 x! = 0 的情况,因此若 x 等于 0,y 的结果是 -1,与条件运算结果不符。选项 D 中先设置 y 变量的值为 0,然后只处理 x >= 0 的情况,这样当 x<0 时 y 变量就自动取 0 值,这与条件运算结果不符,原计算中,x<0 应该得到 -1。

知识点 4:switch 语句的使用

【题目】若有定义 float w; int a, b;,则合法的 switch 语句是_____。

A) switch(w)
```
{   case 1.0: cout <<" * \ n";
    case 2.0: cout <<" * * \ n";
}
```
B) switch(a)
```
{   case 1 cout <<" * \ n";
    case 2 cout <<" * * \ n";
}
```

C) switch(b)
```
{   case 1: cout <<" * \ n";
    default: cout <<"\ n";
    case 1+2: cout <<" * * \ n";
}
```
D) switch(a + b);
```
{   case 1: cout <<" * \ n";
    case 2: cout <<" * * \ n";
    default: cout <<"\ n";
}
```

【答案】C

【解析】选项 A 中保留字 case 后面只能是整型表达式,不能写浮点数,所以错误。选项 B 中 case 分支常量的后面必须要写冒号,不写就是语法错误。选项 D 中 switch 语句和后面的分支语句是一个整体,中间不能写;,所以错误。选项 C 中 1+2 为整型表达式,default 子句可以放在任何位置,选项正确。

知识点 5:while 语句的使用

【题目】有如下程序

```
int main( )
{   int n = 9;
    while(n>6)
        cout << n--;
    return 0;
}
```

该程序段的输出结果是_____。

A) 987   B) 876   C) 8765   D) 9876

【答案】A

【解析】第一次循环条件判断时,n 变量为 9,循环条件为真,进入循环。循环中由于——运算符在后,输出语句先输出 n 变量的值 9,然后再减 1,变成了 8。循环依次进行,处理逻辑也一样,直到第四次循环条件判断时,n 变量为 6,循环条件为假,退出循环。

知识点 6:for 语句的使用

【题目】以下循环体的执行次数是_____。

```
int main()
{   int i,j;
    for(i = 0,j = 1; i <= j+1; i+ = 2, j--)   cout << i <<" \ n";
    return 0;
}
```

A) 3   B) 2   C) 1   D) 0

【答案】C

【解析】第一次循环条件判断时,条件为真,执行语句输出 0。变量修正后 i 变量为 2,j

变量为0。第二次循环条件判断时 i <= j＋1 为假,循环退出,所以循环只执行了一次。

知识点 7:do-while 语句的使用

【题目】以下叙述正确的是_____。

A) do-while 语句构成的循环不能用其他语句构成的循环来代替。

B) do-while 语句构成的循环只能用 break 语句退出。

C) 用 do-while 语句构成的循环,在 while 后的表达式为非零时结束循环。

D) 用 do-while 语句构成的循环,在 while 后的表达式为零时结束循环。

【答案】D

【解析】for 语句、while 语句和 do-while 语句可以互相代替实现相同的循环控制功能。循环语句除了可以使用 break 语句退出之外,还可以使用 return 语句退出,或者循环到达条件为假的时候退出。C++中三种循环控制都是当表达式为零的时候结束循环。所以 A、B、C 选项都有问题,正确答案为 D。

知识点 8:break 语句和 continue 语句

【题目】以下程序运行后的输出结果是_____。

```cpp
int main()
{   int x = 15;
    while(x>10 && x<50)
    {
        x++;
        if(x /3){x++;break;}
        else continue;
    }
    cout << x <<"\ n";
    return 0;
}
```

【答案】17

【解析】第一次循环条件判断时,x 变量为 15,条件为真进入循环,x 变量加 1 后变成 16,除以 3 的商为 5,即条件为真,进入 if 分支。在 if 分支中 x 变量再次加 1 变成 17,然后由 break 语句跳出循环,输出最终结果为 17。循环只执行了一次。

三、练习题

1. 若有以下程序

```cpp
int main()
{   int y = 10;
    while(y- -);   cout <<"y = "<< y <<"\ n";
    return 0;
}
```

程序运行后的输出结果是_____。

A) y = 0   B) y = - 1   C) y = 1   D) while 构成无限循环

2. 以下程序输出结果是_____。

```
int main ( )
{    int m = 5;
     if (m++ >5) cout << m <<"\n";
     else cout << m-- <<"\n";
     return 0;
}
```

A) 7   B) 6   C) 5   D) 4

3. 当执行以下程序段时_____。

```
y = -1 ;
do {y-- ;} while(--y);
cout << y-- <<"\n";
```

A) 循环体将执行一次   B) 循环体将执行两次

C) 循环体将执行无限次   D) 系统将提示有语法错误

4. 执行语句:for (i = 1;i++ <4;);后,变量 i 的值是_____。

A) 3   B) 4   C) 5   D) 不定

5. 有以下程序

```
int main()
{    int i;
     for(i = 0; i<3; i++ )
     switch(i)
     {
         case 1: cout << i;
         case 2: cout << i;
         default: cout << i;
     }
     return 0;
}
```

执行后输出结果是_____。

A) 011122   B) 012   C) 012020   D) 120

6. 有以下程序

```
int main()
{    int i = 0, s = 0;
     do{
         if(i%2){  i++;  continue;  }
         i++;
         s += i;
     }while(i<7);
```

```
        cout << s <<"\ n";
        return 0;
    }
```

执行后输出结果是_____。

A) 16　　　　　　B) 12　　　　　　C) 28　　　　　　D) 21

7. 下列关于 switch 语句的描述中,不正确的是_____。

A) switch 语句中的 default 子句可以没有,也可以有一个

B) switch 语句中的每一个 case 子句中必须有一个 break 语句

C) switch 语句中的 default 子句可放在 switch 语句中的任何位置

D) switch 语句中的 case 子句后面的表达式只能是整型、字符或枚举类型常量

8. C++的 break 语句_____。

A) 可用在能出现语句的任意位置　　　　B) 只能用在循环体内

C) 只能用在循环体内或 switch 语句中　　D) 能用在任一复合语句中

9. 执行语句 for(int i = 50; i>1; -- i) cout <<" $ ";后,输出字符 ' $ ' 的个数为_____。

A) 48　　　　　　B) 49　　　　　　C) 50　　　　　　D) 51

10. 有如下程序:

```
#include < iostream >
using namespace std;
int main( )
{   int f,f1 = 0,f2 = 1;
    for( int i = 3;i <= 6;i++)
    {
        f = f1 + f2;
        f1 = f2;
        f2 = f;
    }
    cout << f << endl;
    return 0;
}
```

运行时的输出结果是_____。

A) 2　　　　　　B) 3　　　　　　C) 5　　　　　　D) 8

11. 下列选项中,两个条件语句语义等价的是_____。

A) if(x) cout << x; 和 if(x == 0) cout << x;

B) if(x = 0) cout << x; 和 if(x == 0) cout<x;

C) if(x) cout << x; 和 if(x! = 0) cout << x;

D) if(x) cout << x; 和 if(x>0) cout << x;

12. 若 x 和 y 是程序中的两个整型变量,则下列 if 语句中正确的是_____。

A) if x! = 0 y = l; else y = 2;

B) if(x! = 0) then y = 1 else y = 2;

C) if(x! = 0) y = 1; else y = 2;

D) if(x! = 0) y = 1 else y = 2;

13. if 语句的语法格式可描述为：

格式 1:if(<条件>) <语句>

或

格式 2:if(<条件>) <语句 1> else <语句 2>

关于上面的语法格式,下列叙述中错误的是_____。

A) 如果在<条件>前加上逻辑非运算符! 并交换<语句 1 >和<语句 2 >的位置,语句功能不变

B) <语句>部分可以是一个循环语句,例如 if(...) while(...) ...

C) <条件>部分可以是一个 if 语句,例如 if(if(a == 0) ...) ...

D) <语句>部分可以是一个 if 语句,例如 if(...) if(...) ...

14. 有如下程序段：

```
int i = 1;
while(1)
{
    i++;
    if(i == 30) break;
    if(i % 3 == 0) cout << '*';
}
```

执行这个程序段输出字符 * 的个数是_____。

A) 10   B) 9   C) 8   D) 30

15. 有如下程序：

```
int x = 3;
do {
    x - = 2;
    cout << x;
} while(! (--x));
```

运行时的输出结果是_____。

A) 1 - 2   B) 死循环   C) 1   D) 30

16. 若有如下语句序列：

```
int k = 1;
while(k++ < 6);
cout << k << endl;
```

执行上述语句序列后,变量 k 的值为_____。

A) 5   B) 8   C) 6   D) 7

17. 有如下程序：

```
# include < iostream >
```

```cpp
using namespace std;
int main()
{
    int sum;
    for(int i = 0; i < 3; i + = 1)
    {
        sum = i;
        for(int j = i; j < 9; j++)
            sum + = j;
    }
    cout << sum << endl;
    return 0;
}
```

运行时的输出结果是_____。

A) 37   B) 39   C) 110   D) 17

18. 执行语句序列

```cpp
int n = 0;
for(int i = 60; i > 0; i - = 3) n++;
```

之后,变量 n 的值是_____。

A) 20   B) 60   C) 21   D) 61

19. 下列叙述中,正确的是_____。

A) 只能在循环体内和 switch 语句体内使用 break 语句

B) continue 语句的作用是结束整个循环

C) 在循环体内使用 break 语句和 continue 语句可以起到同样的作用

D) 从多重循环中退出时,只能使用 goto 语句

20. 下列叙述中,错误的是_____。

A) 只能在循环体内和 switch 语句体内使用 break 语句

B) do... while 语句构成的循环在 while 后面的表达式为 false 时结束

C) goto 语句可以使程序流程有条件地进行转移

D) continue 语句的作用是结束本次循环

第5章 函 数

一、本章知识点

1. 函数的定义和调用
2. return 语句和函数返回值
3. 参数的传值调用和引用调用(难点)
4. 函数的默认参数值
5. 函数原型
6. 函数的嵌套调用
7. 函数的递归调用(难点)
8. 内联函数
9. 函数重载
10. 变量的作用域
11. 变量的存储类型

二、例题、答案和解析

知识点 1:函数的定义和调用

【题目】下列有关函数定义和调用的叙述中,错误的是_____。

A) 一个函数必须定义后才能使用

B) 在一个函数体内可以定义另一个函数

C) 用户定义的函数可以被一个和多个函数调用任意多次

D) 一般要求在函数调用时,实参的个数和类型必须与形参的个数和类型一致

【答案】B

【解析】函数应"先声明,后调用",如果一个函数的定义在后,调用在前,此时在调用前必须给出函数的原型声明(见知识点5)。如果一个函数的定义在前,调用在后,其定义本身就是函数的原型声明。函数不能嵌套定义但可以嵌套调用。函数调用时,实参和形参的个数和类型一般应一致。一个函数定义后,可以被其他函数调用一次或多次。

知识点 2:return 语句和函数返回值

【题目】在C++语言中函数的返回值类型是_____。

A) 调用函数时由系统临时决定　　　　B) 由 return 语句中表达式的类型决定

C) 调用函数时由主调函数类型决定　　D) 在定义函数时所指定的数据类型决定

【答案】D

【解析】函数定义时函数头中<数据类型>规定函数返回值的类型。若<数据类型>缺省,表示函数返回值为 int 型。无返回值的类型是 void 类型。

知识点 3：参数的传值调用和引用调用（难点）

【题目】下列程序的输出结果是_____。

```
#include <iostream>
using namespace std;
void fun(int a, int &b)
{   a = a * a;   b = b + b;
}
int main()
{   int x, y;
    x = 2;
    y = 3;
    fun(x, y);
    cout <<"x = "<< x <<", y = "<< y << endl;
    return 0;
}
```

【答案】x = 2，y = 6

【解析】在该程序中，实参 x 的值传递给形参 a，属于传值调用，传值调用的实现是系统将实参拷贝一个副本给形参，形参 a 是局部动态变量，形参和实参分别占用不同的存储单元。在被调函数中，形参可以被改变，但这只影响形参的值，而不影响调用函数中实参的值，即形参值的改变不影响实参。fun 函数中形参 b 定义为引用类型，形参 b 是主函数中实参变量 y 的别名，因此对形参 b 的修改就是对主函数中 y 的修改。

知识点 4：函数的默认参数值

【题目】在C++语言中，下列关于设置函数默认参数值的叙述中，正确的是_____。

A) 设置函数默认参数值只能在定义函数时进行

B) 设置函数默认参数值应设置所有参数的默认值

C) 设置函数默认参数值时，应先设置右边的再设置左边的

D) 设置函数默认参数值时，应先设置左边的再设置右边的

【答案】C

【解析】在C++语言中，允许在函数的定义或声明时给一个或多个参数指定默认值（也称为缺省值）。但是，要求指定了默认值的参数后，其右边不能出现没有指定默认值的参数，即默认值集中在参数的右边。

知识点 5：函数原型

【题目】下列函数原型声明中，错误的是_____。

A) int fun(int m, int n);

B) int fun(int, int);

C) int fun(int m = 3, int n);

D) int fun(int &m, int &n);

【答案】C

【解析】函数原型声明的规定参见知识点 1。在 C++语言中，允许在函数原型声明时给一个或多个参数指定默认值(也称为缺省值)。但是，要求指定了默认值的参数后，其右边不能出现没有指定默认值的参数，即默认值集中在参数的右边。参见知识点 4。

知识点 6：函数的嵌套调用

【题目】下列程序用于求 $f(k, n) = 1^k + 2^k + 3^k + \cdots + n^k$，函数 power (m , n)用于求 m^n。在主函数中输入 k 和 n 的值，并输出结果。请填空。

```cpp
#include <iostream>
using namespace std;
int power(int m , int n)
{   int i , _____(1)_____ ;
    for ( i = 1 ; i <= n ; ++ i )____(2)_____ ;
    return (product);
}
int fun(int k , int n)
{   int i, _____(3)_____ ;
    for (i = 1; i <= n; ++ i)_____(4)_____ ;
    return sum ;
}
int main( )
{   int k, n;
    cin >> k >> n;
    cout << "restlt:" << fun(k, n) << endl;
    return 0;
}
```

【答案】(1) product = 1　　(2) product * = m 或 product = product * m
　　　　(3) sum = 0　　　(4) sum + = power(i,k)

【解析】函数 int power (int m, int n)的功能是求 m^n，函数中 product 未定义也未初始化，因此(1)空填 product = 1。接着 for 循环求 m^n，因此(2)空填 product * = m 或者 product = product * m。函数 fun 的功能是求 $1^k + 2^k + 3^k + \cdots + n^k$，同样的 fun 函数中 sum 没有定义也未初始化，因此(3)空填 sum = 0。接着 for 循环求 $1^k + 2^k + 3^k + \cdots + n^k$，$i^k$ 可以调用 power 函数求得，因此(4)空填 sum + = power(i, k)。

知识点 7：函数的递归调用(难点)

【题目 1】下列程序的输出结果是_____。

```cpp
#include <iostream>
using namespace std;
void fun(char c)
{   cout << c;
    if (c < 'e')   fun(c + 1);
```

```
        cout << c;
    }
int main( )
{   fun('a');
    cout << endl;
    return 0;
}
```

【答案】abcdeedcba

【解析】执行 main 函数中语句"fun('a');"时将实参字符 a 传递给形参 c,开始执行 fun 函数的函数体,首先输出字符 c 的值,这里是字符 a,执行语句"fun('b');"(即递归调用 fun 函数),将实参字符 b 传递给形参 c,开始执行 fun 函数的函数体,再输出字符变量 c 的值,这里是字符 b,执行语句"fun('c');"(即递归调用 fun 函数)……,依此类推,递归调用一直持续到执行语句"fun('e');",输出字符 e,不递归调用 fun 函数,执行下一条语句输出字符 e;然后返回上一次调用该函数的下一条语句去执行,再输出字符 d,……,依此类推,一直到输出字符 a。因此程序的执行结果是 abcdeedcba。递归调用执行过程如下图所示:

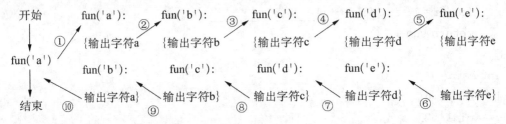

【题目 2】下列程序的输出结果是_____。

```
#include < iostream >
using namespace std;
long fib(int g)
{   switch ( g )
    {   case 0 : return 0;
        case 1 : case 2 : return 1;
    }
    return (fib(g-1) + fib(g-2));
}
int main( )
{   long k;
    k = fib(5);
    cout <<"k = "<< k << endl;
    return 0;
}
```

【答案】k = 5

【解析】本题递归调用执行过程如下图所示:

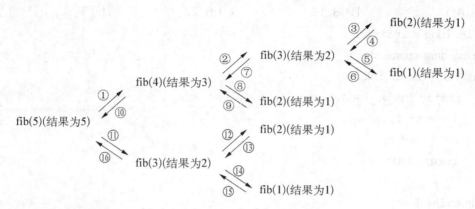

知识点 8：内联函数

【题目】在C++语言中用来定义内联函数的关键字是_____。

【答案】inline

【解析】关键字 inline 表示内联函数。

知识点 9：函数重载

【题目】定义重载函数时,下列要求错误的是_____。

A）要求参数个数不同

B）要求函数的返回值不同

C）要求参数中至少有一个类型不同

D）要求参数个数相同时,参数类型不同

【答案】B

【解析】函数重载是指同一个函数名可以对应着多个函数的实现。函数重载要求编译器能够唯一地确定调用哪一个函数。C++编译器要求只能通过函数参数的个数和类型来区分。

知识点 10：变量的作用域

【题目】下列标识符中,属于块作用域的是_____。

A）函数形参

B）语句标号

C）函数外定义的变量

D）函数原型的参数列表中的参数名

【答案】A

【解析】作用域包括块作用域、文件作用域（全局作用域）、函数原型作用域及函数作用域。形参是局部动态变量,其作用域为块作用域。在函数体外定义的变量为全局变量,全局变量的作用域为文件作用域。在函数原型的参数列表中说明的参数名,作用域只在该函数原型内,为函数原型作用域。语句标号具有函数作用域,它是唯一具有函数作用域的标识符。

知识点 11：变量的存储类型

【题目 1】下列程序的输出结果是_____。

A) 8,17　　　　B) 8,16　　　　C) 8,20　　　　D) 8,8

```cpp
#include <iostream>
using namespace std;
int fun (int a, int b)
{   static int m, i = 2;
    i += m + 1;
    m = i + a + b;
    return (m);
}
int main( )
{   int k = 4, m = 1, p;
    p = fun(k, m);
    cout << p << ',';
    p = fun(k, m);
    cout << p << endl;
    return 0;
}
```

【答案】A

【解析】fun 函数的形参 a 和 b 是局部动态变量,局部动态变量赋初值在进入作用域时进行,每进入一次赋初值一次。fun 函数中的 m 和 i 变量是局部静态变量,静态变量存储在程序的静态存储区中,在编译时确定其初值,且只初始化一次,随后其值随着执行流程而变化。第 1 次离开 fun 函数后,m 和 i 保持其值在静态存储区中;当第 2 次进入 fun 函数时,m 和 i 的值是其第 1 次离开该函数时的值,而不会重新初始化。

【题目 2】下列程序的输出结果是_____。

A) 8 4　　　　B) 9 6　　　　C) 9 4　　　　D) 8 5

【程序】

```cpp
#include <iostream>
using namespace std;
int d = 1;
void fun(int p)
{   int d = 5;
    d += p++;
    cout << d ;
}
int main( )
{   int a = 3;
    fun(a);
    d += a++;
    cout << d << endl;
```

```
        return 0;
    }
```

【答案】A

【解析】当局部变量与全局变量同名时,局部变量的使用优先,因此 fun 函数中使用的 d 是局部变量 d,与全局变量 d 无关。main 函数中没有定义变量 d,因此 main 函数中使用的 d 为全局变量 d。

三、练习题

1. 下列说法中正确的是＿＿＿＿＿。
A) C++程序总是从第一个函数开始执行
B) 在C++程序中被调函数必须在 main 函数中定义
C) C++程序总是从 main 函数开始执行
D) C++程序中的 main 函数必须放在程序的开始部分

2. 已知函数 test 定义为:
   void test( )
   { … … … … }　　则函数定义中 void 的含义是＿＿＿＿＿。
A) 执行函数 test 后,函数没有返回值
B) 执行函数 test 后,函数不再返回
C) 执行函数 test 后,函数返回任意类型值
D) 以上三个答案都是错误的

3. 以下正确的函数定义的首部是＿＿＿＿＿。
A) void fun(void)　　　　　　　　B) double fun(int x; int y)
C) int fun(int = 0, int);　　　　　D) double fun(int x, y)

4. 下列有关C++函数中形参和实参说法错误的是＿＿＿＿＿。
A) 实参可以为任意类型
B) 实参一般应与其对应的形参类型一致
C) 实参可以是常量、变量和表达式
D) 形参可以是常量、变量和表达式

5. 下列关于C++函数调用的描述中,错误的是＿＿＿＿＿。
A) 函数调用可以出现在执行语句中
B) 函数调用可以出现在表达式中
C) 函数调用可以作为函数的形参
D) 函数调用可以作为函数的实参

6. 下列关于C++函数的叙述中,错误的是＿＿＿＿＿。
A) 函数必须有返回值
B) 一个函数中可以有多条 return 语句
C) 在不同的函数中可定义同名的变量
D) 函数不能嵌套定义,但可以嵌套调用

7. 下列有关函数缺省参数的描述中,正确的是＿＿＿＿＿。

A) 一个函数具有缺省值的参数只能有一个

B) 设置了缺省值的参数左边不允许出现没有指定缺省值的参数

C) 同一个函数在同一个文件中可以提供不同的缺省参数值

D) 参数缺省值要设置在函数定义语句中,不能设置在函数声明语句中

8. 若有如下函数定义:

double fun(int x, inty)

{　　return (x + y);}

return 语句中表达式值的类型与说明的类型不一致,则以下叙述中正确的是_____。

A) 运行时出错　　　　　　　　　　　B) 函数返回的值为 double 类型

C) 编译出错　　　　　　　　　　　　D) 函数返回的值为 int 型

9. 已知有函数定义: int fun (int x, int y) { … },下列函数原型声明中错误的是_____。

A) int fun(int x, int);　　　　　　　B) int fun(int, int);

C) int fun(int, int = 4);　　　　　　　D) int fun(int x; int y);

10. 若已经声明了函数原型 void fun(int a, double b = 0.0);,则下列重载函数声明中正确的是_____。

A) void fun(int a = 9, double b = 1.0);

B) void fun(double a, int b);

C) int fun(int a, double b);

D) bool fun(int a, double b = 0.0);

11. 下列有关C++函数的描述中,正确的是_____。

A) 函数的定义可以嵌套,但函数的调用不可以嵌套

B) 函数的定义不可以嵌套,但函数的调用可以嵌套

C) 函数的定义和函数的调用均不可以嵌套

D) 函数的定义和函数的调用均可以嵌套

12. 如果要通过函数实现简单的功能,但要加快执行速度,应选用_____。

A) 重载函数　　　　B) 递归函数　　　　C) 嵌套函数　　　　D) 内联函数

13. 下列有关内联函数叙述中,错误的是_____。

A) 内联函数内不可以有循环语句和开关语句

B) 使用内联函数是以空间换取时间的

C) 内联函数降低了函数的执行效率

D) 内联函数的定义必须出现在内联函数第一次被调用之前

14. 采用重载函数的目的是_____。

A) 提高速度　　　B) 减少空间　　　C) 使用方便　　　D) 实现共享

15. C++函数中未指定存储类别的局部变量,其隐含的存储类别是_____。

A) auto　　　　　　B) static　　　　　C) extern　　　　　D) register

16. 如果在一个函数中的复合语句中定义了一个变量,则下列有关该变量的说法正确的是_____。

A) 该变量在本程序范围内均有效

B) 该变量从定义处开始一直到本程序结束有效

C) 该变量在该函数中有效

D) 该变量只在该复合语句中有效

17. 下列说法错误的是_____。

A) 形参是局部变量

B) 在不同函数中可以使用相同名字的变量

C) 在函数内定义的变量只在本函数范围内有效

D) 在函数内的复合语句中定义的变量在本函数中有效

18. 函数定义为 void fun(int &i), 变量定义 int n = 100, 则下面调用该函数正确的是_____。

A) fun(20)　　　　B) fun(20 + n)　　　　C) fun(n)　　　　D) fun(&n)

19. 有如下程序：

```cpp
#include <iostream>
using namespace std;
void convert(int d)
{   if(d<10)
    {   cout << d;
        convert(d + 1);
    }
    cout << d;
}
int main()
{   convert(6);
    return 0;
}
```

则程序运行的结果是_____。

A) 6677889910　　　B) 12344321　　　C) 67899876　　　D) 6789109876

20. 下列程序的输出结果是_____。

```cpp
#include <iostream>
using namespace std;
void fun(double & area,  double & circumference, double r)
{   const double PI = 3.14;
    area = PI * r * r;
    circumference = 2 * PI * r;
}
int main( )
{   double r,a,c;
    cin >> r;
    fun(a,c,r);
```

```cpp
    cout <<"a = "<< a <<" , c = "<< c << endl;
    return 0;
}
```
输入:<u>3</u><回车>

21.下列程序的输出结果是_____。

```cpp
# include < iostream >
using namespace std;
int fun1( int n)
{   if(n == 1) return 1;
    else return n * n + fun1(n - 1);
}
int fun2( int n)
{   int f;
    if (n == 1) f = 1;
    else f = n * fun2(n - 1);
    return f;
}
int main ( )
{   cout << fun1(4) << endl;
    cout << fun2(5) << endl;
    return 0;
}
```

22. 下列程序的输出结果是_____。

```cpp
# include < iostream >
using namespace std;
void fun( int a, int b)
{   int m;
    if(a<b)
    {   m = (a + b) /2;
        cout << m << endl;
        fun(a, m - 1);
        fun(m + 1, b);
    }
}
int main ( )
{   fun(2,9);
    return 0;
}
```

23. 下列程序的输出结果是_____。

```cpp
#include <iostream>
using namespace std;
int f(int a, int b)
{   static int x = 3;
    if(b>2)
    {   x = x * x;
        b = x;
    }
    else b = x + 1;
    return a + b;
}
int main()
{   int a = 3, b;
    b = 2;
    cout << f(a,b)<< '\t' << endl;
    b = 3;
    cout << f(a,b)<< '\t' << endl;
    return 0;
}
```

24. 下列程序的输出结果是_____。

```cpp
#include <iostream>
using namespace std;
int a = 5;
void fun (int a)
{   ::a - = --a;
    cout <<::a << '\t' << a << '\n';
}
int main( )
{   int a = 5;
    for(int i =-5; i<a + ::a; i++ ) fun(a);
    return 0;
}
```

25. 下列程序的功能是求两个整数的最大公约数和最小公倍数,请填空。

```cpp
#include <iostream>
using namespace std;
int gcd(int m, int n)
{   int r;
    r = m % n;
```

```
    while(        (1)        )
    {   m = n;        (2)        ;   r = m % n;   }
    return        (3)        ;
}
int lcm( int m, int n )
{   int g;
    g =        (4)        ;
    return(m * n /g);
}
int main( )
{   int m, n;
    cin >> m >> n;
    cout <<"最大公约数:"<< gcd(m, n)<< endl;
    cout <<"最小公倍数:"<< lcm(m, n)<< endl;
    return 0;
}
```

26. 下列程序的功能是将 96 到 100 之间的全部偶数分解成两个素数之和,请填空。

```
# include < iostream >
# include < cmath >
using namespace std;
int main( )
{   int i, m, n;
    bool prime(int x);
    for ( i = 96; i <= 100; i + = 2 )
        for (        (1)        ; m<i /2; m + = 2)
        {   if (prime(m))
            {   n =        (2)        ;
                if (prime(n))
                    cout << i << ' = ' << m << ' + ' << n << endl;
            }
        }
    return 0;
}
bool prime( int x )
{   int k, i;
    k = sqrt(double(x));
    for(i = 2;        (3)        ; i++ )
        if(        (4)        ) return false;
    return true;
}
```

27. 以下程序执行后,输出的第一行是_____(1)_____,第二行是_____(2)_____。

```cpp
#include <iostream>
using namespace std;
int& max(int& x, int& y)
{ return x>y?x:y; }
int& min(int& x, int& y)
{ return x<y?x:y; }
int main()
{
    int a, b, m = 10, n = 2;
    a = max(m, n)-- ;
    b = ++min(m, n);
    cout << a <<" "<< m << endl;
    cout << b <<" "<< n << endl;
    return 0;
}
```

第6章 编译预处理

一、本章知识点

1. 编译预处理的概念和特点
2. 宏定义与宏调用
3. 文件包含的概念
* 4. 条件编译

二、例题、答案和解析

知识点 1：编译预处理的概念和特点

【题目】下列关于编译预处理的理解正确的是：_____。
A) 编译预处理即占用编译时间又占用运行时间
B) 编译预处理就是文字的处理工作，其本质就是文字的代换
C) 编译预处理命令行只能放在程序的最前面
D) 编译预处理命令行是也是C++语言中的语句，因此也需要用分号结束

【答案】B

【解析】编译预处理就是编译器在对源程序正式**编译之前**，对源程序进行的文字上的**处理工作**，因此它只占用编译时间而不占运行时间，其本质就是文字上的代换工作。编译预处理命令行可以放在程序的任何位置，只是我们通常将它们放在程序的最前面。编译预处理命令行它本身不是C++语言中的语句，因此并不需要一定以分号结束。

知识点 2：宏定义与宏调用（不带参数的宏定义和带参数的宏定义的应用）

【题目 1】假设有宏定义：

```
#define A   3
#define B   A+A+A
```

则 cout << B * B /3 的输出结果是_____。

A) 7   B) 27   C) 19   D) 9

【答案】C

【解析】宏代换只作简单的代换，不进行任何计算，也不进行正确性检查。表达式 B * B /3 经过代换后变成 A+A+A * A+A+A /3（注意这里一定不能擅自加括号），再将 A 进行代换变成 3+3+3 * 3+3+3 /3，所以计算结果为 19。

【题目 2】下列程序的输出结果是_____。

```
# include < iostream >
using namespace std;
# define P 3
# define SQR(X)   P * X * X
```

```
int main( )
{    int a = 100;
     a /= SQR(3 + 5) /SQR(3 + 5);
     cout << a << endl;
     return 0;
}
```

【答案】2

【解析】带参的宏定义在参数代换时,也只作简单的代换,不进行任何计算。表达式 SQR(3 + 5) /SQR(3 + 5)的宏代换结果为 3 * 3 + 5 * 3 + 5 /3 * 3 + 5 * 3 + 5,计算后其值为 47,随后计算 a /= 47,最后 a 的值为 2。

知识点 3:文件包含的概念

【题目】下列关于文件包含的叙述中,错误的是_____。

A) 文件包含是可以嵌套的,即被包含的文件中还可以使用文件包含命令行

B) 若在 f1.cpp 文件最前面包含了 f2.h 文件,则在 f2.h 定义的全局变量在 f1.cpp 文件中不必使用 extern 声明就可以使用

C) 一条文件包含命令只能包含一个文件

D) 可以采用 # include"文件名"和 # include <文件名>两种方式进行文件包含,两者是一样的,没有区别

【答案】D

【解析】一条文件包含命令行只能包含一个文件,若要包含多个文件须用多条包含命令;且被包含文件中还可以使用文件包含命令行,即支持文件包含的嵌套。同时,若 f1.cpp 文件包含了 f2.h 文件,则在 f2.h 定义的全局变量在 f1.cpp 文件中是可以直接使用的,不再需要使用 extern 声明。而对于文件包含的两种形式,它们是有区别的。<>方式是只在系统设定的路径下搜索文件,而""是先在源程序所在目录搜索,搜索不到再到系统设定的路径下搜索文件。

＊知识点 4:条件编译

【题目】下列关于条件编译的叙述中,错误的是_____。

A) 利用条件编译可以使同一个源程序在不同的条件下产生不同的目标代码

B) 常用的条件编译格式有三种,各种条件编译格式不可以嵌套使用

C) 条件编译可以提高C++程序的可移植性

D) 在调试程序时,添加一些条件编译,可以达到跟踪的目的

【答案】B

【解析】利用条件编译不仅可以使同一个源程序在不同的条件下产生不同的目标代码,从而完成不同的功能,而且还可以用来编写通用程序来提高程序在不同计算机系统的可移植性。同时,它还可以用于程序的调试中,以达到跟踪的目的。常用的条件编译命令有三种格式,不同的格式有不同的作用,他们之间是可以嵌套使用的。

三、练习题

1. 下列叙述中错误的是_____。

A) 编译预处理本质上就是文字的代换

B) 编译预处理命令行只能位于C++源文件的最前面

C) C++源程序中有效的预处理命令行都是以♯开始的

D) "♯define PI314"是正确的宏定义

2. 在C++语言中,程序中的宏代换是在_____。

A) 编译时进行的

B) 程序执行时进行的

C) 编译前预处理时进行的

D) 编译后进行的

3. 以下叙述中正确的是_____。

A) 在程序的一行上可以出现多个有效的预处理命令行

B) 使用带参数的宏,参数的类型应与宏定义时的参数一致

C) 宏替换不占用运行时间,只占编译时间

D) 若有如下宏定义:♯define C R　045,则宏名为 C R

4. 关于文件包含,下列描述错误的是_____

A) 文件包含命令行必须以♯include 开头

B) 文件包含命令行的两种形式是有区别的,当♯include 后面的文件名用<>括起来时,应该先在源程序所在目录中进行搜索

C) 文件包含是可以嵌套的,即在被包含的文件中又使用文件包含命令行包含其他文件

D) 一个♯include 命令只能包含一个文件,当多个文件需要包含时,应使用多个♯include 命令行

5. 下列程序的输出结果是_____。

```cpp
#include <iostream>
using namespace std;
#define X 5
#define Y X-4
#define Z X*Y*4
int main()
{   cout << Z << ',' << Y*Z << endl;
    return 0;
}
```

6. 下列程序的输出结果是_____。

```cpp
#include <iostream>
using namespace std;
#define MAX(x, y) (x)>(y)?(x):(y)
int main()
{   int a=2, b=5, c;
    c = 20 /MAX(a+b,b);
    cout << c << endl;
```

```
    return 0;
}
```

* 7. 下列程序的输出结果是_____。

```cpp
#include < iostream >
using namespace std;
#define Computer 0
int main()
{
    #if Computer
        #define INTEGER_SIZE 16
        int x = 5;
    #else
        #define INTEGER_SIZE 32
        int x = 10;
    #endif
    cout << INTEGER_SIZE + x;
    return 0;
}
```

第7章 数 组

一、本章知识点

1. 一维数组的定义及初始化
2. 一维数组元素的使用(重点)
3. 二维数组的定义及初始化
4. 二维数组元素的使用(重点)
5. 数组与函数(重点)
   (1) 数组元素作函数参数
   (2) 数组名作函数参数
6. 字符数组(重点)
7. 字符串处理函数

二、例题、答案和解析

知识点 1:一维数组的定义及初始化

【题目】下列对数组 a 的定义错误的是_____。

A) int a[20];

B) int n = 20;
   int a[n];

C) #define N 20
   int a[N];

D) const int S = 20;
   int a[S];

【答案】B

【解析】在C++中,数组的长度必须在编译时就要确定。选项 B 中数组的长度是由普通变量 n 决定的,而 n 的值是在运行时才确定的,因此该选项的定义形式错误;选项 C 中数组的长度为宏名 N,而在编译前系统要将宏名 N 替换成宏体 20,所以在编译时数组 a 的长度是确定的,该选项表示正确;选项 D 中数组的长度是常变量 S,而当常变量由整型常数初始化时(这里为 20)可以作为数组定义长度,所以该选项表示正确;A 选项是最普遍的数组定义形式,该选项正确。

知识点 2:一维数组元素的使用(重点)

【题目 1】已知有定义 int a[10] = {0,0,1,2,3,4}, i = 0;,下列对 a 数组元素的引用正确但值不为 0 的是_____。

A) a[++i]   B) a[10]   C) a[2*4]   D) a[a[4]]

【答案】D

【解析】数组初始化时,如果给定的元素个数小于数组长度,则其他元素默认为 0。本题数组 a 中有 10 个元素,下标是 0~9,前 6 个元素已给定初值,后面的元素即 a[6]—a[9] 的值默认为 0。A 选项的元素是 a[1],其值为 0;B 选项引用数组元素时下标越界,引用错误;

C 选项的元素是 a[8]，其值也为 0；D 选项的元素是 a[3]，值为 2 不为 0，所以答案为 D。

【题目 2】下列程序的输出结果是_____。

```cpp
#include <iostream>
#define N 20
using namespace std;
int fun(int a[], int n)
{
    int i,j,k = 0;
    int del[N] = {0};
    for (i = 0;i<n-1;i++)
        for (j = i+1;j<n;j++)
            if (del[j]! = 1 && a[j] == a[i])
                del[j] = 1;
    for (i = 0;i<n;i++)
        if (del[i]! = 1)
            a[k++] = a[i];
    return k;
}
int main()
{   int a[N] = {2,2,2,3,4,4,5,6,6,6,7,7,8,9,9,10,10,10}, i,n;
    n = fun(a,N);
    for(i = 0; i<n; i++)
        cout << a[i]<< '\t';
    cout << endl;
    return 0;
}
```

【答案】2　　3　　4　　5　　6　　7　　8　　9　　10　　0

【解析】该程序的功能是删除一维数组中相同的元素（即相同元素只保留一个），并将删除后的结果输出。在 fun 函数中，数组 del 用来记录数组 a 中的对应元素是否应该被删除（如需要删除，则将其值设为 1），随后通过一个二重循环来判断数组 a 中的元素是否应该被删除，即当 del[j]! = 1 && a[j] == a[i] 时删除。这里需要注意的是，在主函数中数组 a 的长度为 20，但初始化时只给出 18 个值，最后两个元素默认为 0，所以在处理时应考虑这两个 0。

知识点 3：二维数组的定义及初始化

【题目】下列二维数组 a 的定义错误的是_____。

A) int a[3][4] = {1};

B) int a[4][] = {1, 2, 3, 4, 5, 6, 7, 8};

C) int a[3][4] = {{1, 2}, {3, 4}, {5}};

D) int a[][4] = {1, 2, 3, 4, 5, 6, 7, 8};

【答案】B

【解析】C++规定当对数组进行部分初始化时,其余元素自动初始化为0。A选项表示只将a[0][0]元素初始化为1,其余元素自动为0,数组定义正确。B选项在定义数组时没有给出数组列数,但C++规定,当二维数组的所有元素都被初始化时,数组定义时可以省略行数,但列数绝对不能省略,所以该选项错误。C选项是按行对二维数组进行初始化的形式,内层括号的数据对应着每一行的元素,数组定义正确。D选项缺省了二维数组行数,系统可根据初始化元素的个数及数组列数自动判断出行数为2,数组定义正确。

知识点4:二维数组元素的使用

【题目】下列程序的输出结果是＿＿＿＿＿＿＿。

```cpp
#define M 4
#define N 5
#include <iostream>
using namespace std;
int fun(int a[][N], int m, int n)
{   int s = 0;
    for(int i = 0; i<m; i++)
        for(int j = 0; j<n; j++)
            if (i==0 || j==0 || i==m-1 || j==n-1)
                s += a[i][j];
    return s;
}
int main()
{   int a[M][N] = {{1,3,5,7,9},{2,4,6,8,10},{2,3,4,5,6},{4,5,6,7,8}};
    cout << fun(a, M, N) << endl;
    return 0;
}
```

【答案】s = 75

【解析】fun函数用于计算并返回二维数组最外层元素之和,因此最后的输出结果是数组a最外层元素之和。

知识点5:数组与函数

(1) 数组元素作函数参数

(2) 数组名作函数参数

【题目1】数组名作为实参时,传递给形参的是＿＿＿＿＿＿＿。

A) 数组的首字节地址　　　　　　　　B) 数组第一个元素的值

C) 数组中所有元素的值　　　　　　　D) 数组元素的个数

【答案】A

【解析】C++中,数组名中存放的是数组空间首字节的地址,当数组名作函数实参时,实际上是将整个数组空间的首字节地址传递给形参。

【题目 2】已知在主调函数中有数组定义语句 int a[10];和函数调用语句 fun(a,10);，则函数 fun 的函数头可能是_____。

A) fun(int a, int n)　　　　　　　　　B) fun(int a[ ], int n)

C) fun(int a[ ], int 10)　　　　　　　D) fun(int a[10], int 10)

【答案】B

【解析】一般情况下，在函数调用时实参的个数和类型要与形参的个数和类型一致。在主调函数中，fun 函数的实参分别是整型一维数组名和整型常量，因此对应的形参应该是整型一维数组和整型变量。选项 A 中第一个参数为一般变量，所以不对；选项 C 和 D 中第二个参数为整型常量，而形参一定不能为常量，所以不对；选项 B 满足形参和实参个数和类型一致的要求。

【题目 3】下面程序的功能是利用筛选法求 1～100 之间的素数，并按每行 5 个素数进行输出，请填空。

```cpp
#include <iostream>
#define N 100
using namespace std;
void prime(____(1)____)
{   int i, j;
    for(i = 1; i < n; i++)
        for(j = i + 1; j < n; j++)
            if(a[i]! = 0&&a[j]! = 0)
                if(____(2)____)
                    a[j] = 0;
}
int main()
{   int a[N], i;
    ____(3)____;
    for (i = 1; i < N; i++)
        a[i] = i + 1;
    prime(a, N);
    cout <<"1 - 100 之间的素数为:"<< endl;
    for(i = 1; i < N; i++)
        if(a[i]! = 0)
        {   cout << a[i]<< '\t';
            n++;
            if (____(4)____) cout << endl;
        }
    return 0;
}
```

【答案】(1) int a[ ], int n　　　　(2) a[j] % a[i] == 0 或!a[j] % a[i]

　　　　　　(3) int n = 0　　　　　　(4) n % 5 == 0

【解析】筛选法的具体做法是:先把 N 个自然数按次序排列起来。1 不是素数,也不是合数,要划去。第二个数 2 是素数留下来,而把 2 后面所有能被 2 整除的数都划去(将其值设为 0)。2 后面第一个没划去的数是 3,把 3 留下,再把 3 后面所有能被 3 整除的数都划去。3 后面第一个没划去的数是 5,把 5 留下,再把 5 后面所有能被 5 整除的数都划去,依次类推,就会把不超过 N 的全部合数都筛掉,留下的就是不超过 N 的全部素数。

　　函数调用时,实参的个数和类型应和形参一致,因此根据主函数中语句 prime(a,N);可知(1)空应该是 int a[ ],int n 或 int a[N],int n;根据算法思想,当某个数是前面数 a[i] 的倍数时,就需要将其值设为 0,因此(2)处应判断 a[j] 除以 a[i] 的余数是否为 0,因此(2)空应为 a[j] % a[i] == 0;在主函数中,使用 n 来统计 1~100 之间素数的个数,但 n 没有定义赋初值,因此应在(3)空处对 n 进行初始化,即 int n = 0;最后,题目要求素数每行输出 5 个,所以应该在统计 n 是判断 n 是否能被 5 整除,能整除则换行,因此(4)空应为 n % 5 == 0。

知识点 6:字符数组

【题目 1】以下字符数组的初始化后不能将 s 看作字符串处理的是_____。

A) char s[5] = {'A','B','\0','D','E'};　　　B) char s[5] = {'A','B','C','D'};
C) char s[5] = {'A','B','C','D','E'};　　　D) char s[5] = "ABCD";

【答案】C

【解析】在 C++ 中,字符串用字符数组来处理,且以空字符即 '\0' 作为结束符号。选项 A 对 5 个元素都进行了初始化,但 s[2] 为空字符 '\0',此时字符数组表示的字符串为"AB"。选项 B 对字符数组初始化时只给出了部分元素,此时其余元素默认为 '\0',即 s[4] 为空字符,此时字符数组表示的字符串为"ABCD";选项 C 字符数组长度为 5,并且所有元素都进行了非空字符的初始化,由于该数组中没有空字符,因此不能作为字符串来处理;选项 D 直接用字符串"ABCD"对 s 进行初始化,所以字符数组表示的字符串为"ABCD"。

【题目 2】已知有定义:char s[20];,以下语句中不能从键盘上将多个字符输入到数组 a 的是_____。

A) cin.getline(s,20);　　　　　　　　B) cin >> s;
C) for(i = 0;i<20;i++) cin >> s[i]; D) cin.get(s);

【答案】D

【解析】在 C++ 中,字符串用字符数组来处理。字符数组用于处理字符串时可以整体的输入,即 B 选项的表示方法;但 B 选项无法输入带有间隔符(如空格等)的字符串,如需要输入间隔符,则需要使用 A 选项的表示方法。当然字符数组也可以像整型数组一样使用循环语句分别对每个元素进行输入,即 C 选项的表示方法。而 D 选项中 cin.get()只能获得一个字符,因此无法将一串字符输入到字符数组中。

知识点 7:字符串处理函数

【题目 1】已知有如下定义:char a[10];,则不能将字符串"abc"存储在数组 a 中的是_____。

A) strcpy(a,"abc");
B) a[0] = '\0',strcat(a,"abc");

C) a = "abc";

D) int i; for(i = 0;i<3;i++)a[i] = i + 97;a[i] = '\0';

【答案】C

【解析】数组名 a 是指针常量,不能出现在复制符号左端,因此选项 C 的表示错误,故答案选 C;选项 A 中函数 strcpy() 是将字符串"abc"拷贝到字符数组 a 中,是非常常用的形式,选项正确;选项 B 利用 strcat 来实现字符串的拷贝,首先通过 a[0] = '\0' 将数组 a 设为空字符串,然后将"abc"连接到数组 a 后面,所以连接后的结果为"abc",选项正确;选项 D 则通过循环语句分别为数组元素 a[0],a[1],a[2]赋值于 'a','b','c',然后将 a[3]设为空字符,选项也正确。

【题目 2】如下输出语句 cout << strlen("abc\0def");的输出结果为_____。

A) 8　　　　　　　B) 3　　　　　　　C) 4　　　　　　　D) 9

【答案】B

【解析】字符串的结束符号是空字符(即 '\0'),而 strlen 函数统计的是从字符串起始位置到第一个空字符为止的所有有效字符(不包括空字符)的个数。在字符串"abc\0def"中的 \0 就是空字符,所以最后 strlen("abc\0def")的结果为 3。

三、练习题

1. 在 C++ 语言中,关于数组定义描述正确的是_____。

A) 数组的大小在编译时必须是固定的,但可以有不同的类型的数组元素

B) 数组的大小在编译时可以不固定,但所有数组元素的类型必须相同

C) 数组的大小在编译时必须是固定的,所有数组元素的类型必须相同

D) 数组的大小在编译时可以不固定,可以有不同的类型的数组元素

2. 以下无法完成对一维数组 a 初始化是_____。

A) static char word[ ] = 'Turbo\0';

B) static char word[ ] = {'T','u','r','b','o','\0'};

C) static char word[ ] = {"Turbo\0"};

D) static char word[ ] = "Turbo\0";

3. 在定义 int a[2][3];之后,对 a 的元素正确引用的有_____。

A) a[2][2]　　　　B) a[1,3]　　　　C) a[1>2][!1]　　D) a[2][0]

4. 已知有声明 int a[20],x = 10;,下列对 a 的元素正确引用的是_____。

A) a[x]　　　　　　B) a[2*x]　　　　C) a(x)　　　　　　D) a(2*x)

5. 下列有关二维数组的定义中,正确的是_____。

A) int a[4][ ] = {{1,2},{3,4}};　　　　B) int a[ ][2] = {{1,2,3},{2,3,4}};

C) int a[2][3];　　　　　　　　　　　D) int a[ ][2];

6. 若在 main 函数中有声明 static int a[3][3] = {{1,2},{3,4},{5}};,则数组 a 中元素 a[1][2]的值是_____。

A) 不能得到确定的值　　　　　　　B) 5

C) 0　　　　　　　　　　　　　　　D) 2

7. 函数调用:strcat(strcpy(str1,str2),str3)的功能是_____。

A) 将串 str1 复制到串 str2 中后再连接到串 str3 之后

B) 将串 str1 连接到串 str2 之后再复制到串 str3 之后

C) 将串 str2 连接到串 str1 之后再将串 str1 复制到串 str3 中

D) 将串 str2 复制到串 str1 中后再将串 str3 连接到串 str1 之后

8. 下列程序的输出结果是_____。

```cpp
#include<iostream>
using namespace std;
int main()
{   int i,j,t;
    int a[]={70,1,0,4,8,12,65,-76,100,-45,35};
    for(i=0;i<=9;i++)
        if(a[i]>a[i+1])
        {t=a[i];a[i]=a[i+1];a[i+1]=t;}
    for (i=0;i<=10;i++)
        cout<<a[i]<<'\t';
    return 0;
}
```

9. 下列程序的输出结果是_____。

```cpp
#include<iostream>
using namespace std;
#define N 6
int main()
{   int a[N][N];
    int i,j;
    for( i=0;i<=N-1;i++)
    {   for( j=0;j<=i;j++)
        {   if(j==0||j==i)
                a[i][j]=1;
            else
                a[i][j]=a[i-1][j-1]+a[i-1][j];
            cout<<a[i][j]<<"\t";
        }
        cout<<"\n";
    }
    return 0;
}
```

10. 下列程序的输出结果是_____。

```cpp
#include<iostream>
#include<string>
```

```
using namespace std;
void f(char s1[ ],char s2[ ],char s3[ ])
{   int m,n,i,j = 0;
    m = strlen(s1); n = strlen(s2);
    int min = m>n?n:m;
    for (i = 0;i<min;i++)
    {   s3[j++ ] = s1[i]; s3[j++ ] = s2[i];}
    if (m>n)
        for (int k = i;k<m;k++)
            s3[j++ ] = s1[k];
    else
        for (int k = i;k<n;k++)
            s3[j++ ] = s2[k];
    s3[j] = '\0';
}
int main()
{   char s1[ ] = "abcdefghi",s2[ ] = "1234",s3[80];
    f(s1,s2,s3);
    cout << s3;
    return 0;
}
```

11. 下列程序的功能是_____,输出结果是_____。

```
#include < iostream >
#include <string>
using namespace std;
void move(char str[ ], int n, int k)
{   int i,j;
    char t;
    for (i = 0; i<k; i++)
    {   t = str[0];
        for (j = 1; j<n; j++)
            str[j-1] = str[j];
        str[j-1] = t;
    }
}
int main(  )
{   char str[10] = "abcdef";
    move(str,strlen(str),3);
    cout << str << endl;
```

```
        return 0;
}
```

12. 下列程序的功能是_____,输出结果是_____。

```cpp
#include <iostream>
#define N 3
using namespace std;
void fun(int a[ ][N], int &m, int &n)
{   int i, j;
    for(i = 0; i<N; i++)
        for(j = 0; j<N; j++)
        {   if (i == j) m += a[i][j];
            if (i + j == N-1) n += a[i][j];
        }
}
int main()
{   int m = 0, n = 0;
    int a[N][N] = {{1, 3, 5}, {2, 4, 6}, {7, 8, 9}};
    fun(a, m, n);
    cout << m << ',' << n << endl;
    return 0;
}
```

13. 下列程序的功能是_____,输出结果是_____。

```cpp
#include <iostream>
using namespace std;
void fun(char str[ ])
{   int i, j;
    for (i = 0, j = 0; str[i]; i++)
    {
            if (str[i]>= 'A' && str[i] <= 'Z')
                str[j++] = str[i] + 32;
            else if (str[i]>= 'a' && str[i] <= 'z')
                str[j++] = str[i];
    }
    str[j] = '\0';
}
int main()
{   char str[100] = "Introduction to Programing with C++.";
    fun(str);
    cout << str << endl;
```

```
            return 0;
    }
```

14. 下列函数 fun 的功能是返回字符数组 str 中字母字符的个数,请填空。

```
int   fun (char str[ ])
{   int k = 0, i;
    for (i = 0; _____(1)_____; i++)
        if (str[i]> = 'a' && str[i]< = 'z' || str[i]> = 'A' && str[i]< = 'Z')
            _____(2)_____;
    return k ;
}
```

15. 下面程序的功能是将一个十进制数转换为某个指定(由 base 指定)的进制,请填空。

```
#include < iostream >
using namespace std;
int main()
{   int num[20], i = 0, base;
    long n;
    cout <<"input a decimal number:";   cin >> n;
    cout <<"input base number:";         cin >> base;
    do
    {   _____(1)_____;
        i++;
        n = n /base;
    }while (n>0);
    for (_____(2)_____;i > = 0;i-- )
        cout << num[i];
    return 0;
}
```

16. 下列程序的功能是将存放在二维字符数组的多个字符串按降序排序,并输出排序后的字符串,请填空。

```
#include < iostream >
#include <string. h>
#define N 6
using namespace std;
void sort(_____(1)_____)
{   int i, j, p;
    _____(2)_____;
    for(i = 0; i<n-1; i++)
    {   p = i;
```

```cpp
        for(j = i + 1; j<n; j++)
            if(_____(3)_____)
                p = j;
        if(p! = i)
        {   strcpy(temp, s[p]);
            strcpy(s[p], s[i]);
            strcpy(s[i], temp);
        }
    }
}
int main()
{   char s[][80] = {"Big Data", "AI", "Machine Learning", "Data mining", "Deep
Learning", "Neural Network"};
    sort(s, N);
    for(_____(4)_____; i<N; i++)
        cout << s[i]<< endl;
    return 0;
}
```

第8章 结构体、共用体和枚举类型

一、本章知识点

1. 结构体类型及其变量的定义
2. 结构体变量及其成员的引用
3. 结构体数组
4. 枚举类型及其变量的定义及应用
*5. 共用体类型及其变量的定义及应用

二、例题、答案和解析

知识点 1:结构体类型及其变量的定义

【题目 1】已知有声明语句

```
struct student
{   char num[20], name[20];
    int age, score[5];
} stud;
```

则下列叙述中错误的是_____。

A)该结构体类型一共有 4 个成员

B)系统会给结构体类型 student 分配空间

C)struct student 和 student 都可以作为结构体类型标识符

D)stud 是用户定义的变量名,系统给其开辟空间

【答案】B

【解析】用户自定义的结构体类型是一种构造数据类型,它与 int、char、loat 等系统定义的基本数据类型具有同等地位,所不同的是该数据类型是用户自行定义的,里面一般会包含多个成员。在定义结构体类型时系统不会为类型开辟空间,只有当定义结构体变量时(如stud)系统才会开辟空间。另外,在定义结构体变量时,使用 strutct student 或 student 均可作为结构体类型标识符。

【题目 2】关于结构体类型的定义,下列说法错误的是_____。

A)结构体的成员可以是已经定义的任意的结构体类型

B)结构体的成员可以是当前正在定义的结构体类型

C)结构体的成员的个数可以是任意多

D)结构体定义时可以不指定结构体类型名

【答案】B

【解析】结构体定义时,结构体的成员个数可以是任意多,并且成员的数据类型可以是除了正在定义的结构体类型之外的任意类型。结构体在定义时,一般会给出结构体类型名,

但是也可以直接定义结构体变量而不给出结构体名。

【题目3】当定义一个结构体变量时,理论上系统分配给它的内存是_____。

A) 各成员所需内存量的总和

B) 结构中第一个成员所需内存量

C) 结构中最后一个成员所需内存量

D) 成员中占内存量最大者所需的容量

【答案】A

【解析】理论上,系统在给结构体变量开辟空间时,是按各成员所需内存量总和进行分配的。但考虑到内存的存取效率问题,编译系统通常会根据对齐规则开辟更大的空间以使得 CPU 能快速地对数据进行访问。

【题目4】下列说法正确的是_____。

A) 结构体变量不能像 int 型变量一样作函数的参数

B) 结构体变量不能像 int 型变量一样作函数的返回值

C) 结构体变量通常不能像 int 型变量一样作为整体进行输入输出

D) 相同结构体类型的变量之间不能直接进行赋值

【答案】C

【解析】结构体变量可以像基本数据类型变量一样作为函数的参数,函数的返回值,并进行整体的赋值。但是通常结构体变量不能进行整体的输入/输出,当结构体包含多个成员时,只能对其成员逐个进行输入/输出。

知识点 2:结构体变量及其成员的引用

【题目】下列程序的输出结果是_____。

```cpp
#include <iostream>
using namespace std;
struct data
{   int a1;
    float a2;
    char a3;
};
void print(struct data b)
{   b.a1 = b.a1 + 1;
    b.a2 = b.a2 + 2;
    b.a3 = b.a3 + 3;
    cout << b.a1 << ',' << b.a2 << ',' << b.a3 << endl;
}
int  main( )
{   struct data a = {1, 3.5, 'A'};
    print(a);
    cout << a.a1 << ',' << a.a2 << ',' << a.a3 << endl;
```

```
    return 0;
}
```

【答案】第一行输出 2,5.5,D,第二行输出 1,3.5,A。

【解析】这是一个结构体变量做函数参数的例子,与基本数据类型(如 int 型)变量做参数一样,完成的是实参到形参值的传递,并且形参的变化不会引起实参的变化。因此。形参 b 值的修改不影响实参 a。

知识点 3:结构体数组

【题目】下列程序的功能是输入 N 个学生的信息(包括学号,姓名,三门课程(数学,语文,英语)的成绩),然后要求按学生的总成绩升序排序并输出。请填空。

```
# include < iostream >
_____(1)_____
using namespace std;
# define N 3
struct StudentInfo
{   char num[10];
    char name[10];
    int score[3];
    int sum;
};
int main()
{   void InputStud(StudentInfo studs[], int n);
    void OutputStud(StudentInfo studs[], int n);
    void SortStud(StudentInfo studs[], int n);
    StudentInfo studs[10];
    InputStud(studs,N);
    cout <<"排序前\n";
    OutputStud(studs, N);
    _____(2)_____;
    cout <<"排序后\n";
    OutputStud(studs, N);
    return 0;
}
void InputStud(StudentInfo studs[], int n)
{   int i,j,s = 0;
    for (i = 0;i<n;i++)
    {   cout <<"请输入学生的学号和姓名";
        cin >> studs[i].num >> studs[i].name;
        cout <<"请分别输入学生三门功课的成绩:";
        _____(3)_____
```

```
        for(j = 0;j<3;j++)
        {   cin >> studs[i].score[j];
            s + = s+ studs[i].score[j];
        }
        studs[i].sum = s;
    }
}
void OutputStud(StudentInfo studs[], int n)
{   int i, j;
    cout << setw(10)<<"学号"<< setw(10)<<"姓名"<< setw(10)<<"数学";
    cout << setw(10)<<"语文"<< setw(10)<<"英语"<< setw(10)<<"总成绩\n";
    for(i = 0; i<n; i++)
    {   cout << setw(10)<< studs[i].num << setw(10)<< studs[i].name;
        for(j = 0; j<3; j++)
            cout << setw(10)<< studs[i].score[j];
        cout << setw(10)<< studs[i].sum << endl;
    }
}
void SortStud(StudentInfo studs[], int n)
{   int i, j, p;
    StudentInfo TmpStud;
    for(i = 0; i<n; i++)
    {   p = i;
        for(j = i+1; j<n; j++)
            if (____4____)
                p = j;
        TmpStud = studs[i]; studs[i] = studs[p]; studs[p] = TmpStud;
    }
}
```

【答案】(1) ♯include < iomanip >　 (2) SortStud(studs, N) (3) s = 0
(4) studs[j].sum < studs[p].sum

【解析】main 函数中使用了 setw()控制输出宽度,而使用该函数必须要包含头文件
iomanip;因此(1)空为♯include < iomanip >根据程序上下文(2)空应该是调用 SortStud()函数
进行升序排序,函数的实参分别是结构体数组和数组的长度;在函数 InputStud()中,需要分
别计算每个学生的总成绩 s,因此(3)空中应初始化变量 s 为 0,即 s = 0;(4)空是在选择排序
算法 SortStud()中出现的,根据选择排序法的思想,应该是当第 j 个学生的总成绩比第 p 个
学生的总成绩小的时候,将 p 重新赋值,因此(4)处应该填 studs[j].sum<studs[p].sum。

知识点 4:枚举类型及其变量的定义及应用

【题目】下列程序的输出结果为_____。

```
#include < iostream >
using namespace std;
int main()
{   enum color {red,yellow,blue = 4,green,white} c1,c2;
    c1 = yellow; c2 = white;
    cout << c1 << ',' << c2 << endl;
    return 0;
}
```

A) 1,6　　　　　　B) 2,5　　　　　　C) 1,4　　　　　　D) 2,6

【答案】A

【解析】枚举类型的每个枚举常量都有一个整型值与之对应。在默认的情况下,第 1 个枚举常量为 0,第 2 个为 1⋯。若枚举常量的值在定义时显式赋值,(如 blue＝4)则后面的未被显式赋值的枚举常量的整数值等于其前面一个枚举常量的整数值加 1。

＊知识点 5:共用体类型及其变量的定义及应用

【题目】下列对C++语言中共用体类型数据的叙述中,错误的是_____。

A) 共用体变量所占的内存容量为成员中占内存量最大者所需的容量

B) 一个共用体变量中不可以同时存放其所有成员

C) 共用体类型定义时不能出现结构体类型的成员

D) 共用体类型定义时不能出现该共用体类型的成员

【答案】C

【解析】共用体变量和结构体变量不同,它的所有成员共用同一段内存,而这段空间的大小由共用体所有成员中占内存容量最大的成员来确定的。由于所有成员共用一段空间,因此在某一时刻,只能存放一个成员,而不能同时存放多个成员。共用体定义时成员可以是任意已经定义的数据类型(包括结构体),但不能是当前定义的共用体类型。

三、练习题

1. 下列对结构体类型变量 stud1 的定义中错误的是_____。

A) struct student
```
{   int num;
    int age;
} stud1;
```

B) struct
```
{   int num;
    int age;
};
struct stud1;
```

C) struct student
```
{   int num;
    int age;
};
struct student stud1;
```

D) struct student
```
{   int num;
    int age;
};
student stud1;
```

2. 已知有如下结构体类型及变量的定义:

```
struct student
{    int num,age;
} stud1;
```

则下列输入输出语句正确的是_____。

A) cin >> stud1;

B) cout << stud1;

C) cin >> student.num >> student.age;

D) cout << stud1.num << stud1.age;

3. 已知有如下结构体类型及变量的定义:

```
struct student
{    int num,age;
} stud1,stud2 = {30,28};
```

则下列语句错误的是_____。

A) stud1 = stud2;

B) stud1.num = stud2.num, stud1.age = stud2.age;

C) stud1 = {30,28};

D) stud1.num = 30, stud1.age = 28;

4. 已知有如下定义:

```
struct Date
{    int year,month,day; };
struct student
{    int num; char name[80];    Date birthday; };
```

则下列语句错误的是_____。

A) student stud[2] = {1,"Wangli",2001,12,3,4,"Zhangmei",2001,9,4};

B) student stud[2] = {1,"Wangli",{2001,12,3},4,"Zhangmei",{2001,9,4}};

C) student stud[2] = {1,"Wangli", 2001,12,4,"Zhangmei",2001,9,4};

D) student stud[2] = {1,"Wangli",{2001,12},4,"Zhangmei",{2001,9,4}};

5. 下列程序的输出结果是_____。

```
# include < iostream >
using namespace std;
int   main( )
{    enum data { a, b, c = 5, d, e, f = - 1, g};
     cout << a << ',' << b << ',' << d << ',' << e << ',' << g << endl;
     return 0;
}
```

6. 下列程序的功能是按分数降序排列学生的记录(高分在前,低分在后),并将排序后的结果按每一行四条记录进行输出,请填空。

```
# include < iostream >
# define   N   16
```

```cpp
using namespace std;
struct student
{   char   num[20];
    int    score;
};
void  sort(_____(1)_____)
{   int i,j,p;
    _____(2)_____;
    for (i = 0;i<n-1;i++)
    {   p = i;
        for(j = i + 1;j<n;j++)
            if (a[j].score>a[p].score)
                _____(3)_____;
        t = a[i]; a[i] = a[p]; a[p] = t;
    }
}
int main()
{   student   s[N] = {{"GA01",85},{"GA03",76},{"GA02",99},{"GA04",89},
    {"GA05",91},{"GA07",72},{"GA08",64},{"GA06",87},
    {"GA15",95},{"GA13",71},{"GA12",69},{"GA14",81},
    {"GA11",66},{"GA17",67},{"GA18",61},{"GA16",56}};
    int i;
    sort(s,N);
    cout <<"排序后的结果为:";
    for(i = 0;i<N; i++)
    {   if(____(4)____)
            cout << endl;
        cout << s[i].num << '\t' << s[i].score << '\t';
    }
    return 0;
}
```

7. 下列程序的功能是连续输入 N 个学生信息(学号为 0 输入结束),然后根据学生的学号查询,若查询到,显示该学生的信息,否则给出提示,请填空。

```cpp
# include < iostream >
# include < string >
# include < iomanip >
using namespace std;
struct student
{   int num;                  //学号
```

```cpp
        char name[20];        //姓名
        int score;            //平均成绩
    };
    int search(student stud[],int n, int num)
    {   for (int i = 0; i<n; i++)
            if(stud[i].num == num)
                return i;
                _____(1)_____;
    }
    int Input(student stud[])
    {   int i = 0,num,score;
        char name[20];
        while(1)
        {   cout <<"请输入学生的学号,姓名和成绩信息: "<< endl;
            cin >> num >> name >> score;
            if (num == 0)
            {   cout <<"输入结束"<< endl;
                _____(2)_____;
            }
            stud[i].num = num;
            ____(3)____;
            stud[i].score = score;
            i++;
        };
        return i;
    }
    int main( )
    {   int num,n,Idx;
        student stud[20];
        n = Input(stud);
        cout << "请输入要查找的学生学号: "<< endl;
        cin >> num;
        ____(4)____;
        if(Idx != -1)
        {   cout << setw(12)<<"学号"<< setw(12)<<"姓名"<< setw(12)<<"成绩"<<
endl;
            cout << setw(12)<< stud[Idx].num << setw(12)<< stud[Idx].name <<
setw(12)<< stud[Idx].score << endl;
        }
```

```
    else
        cout <<"未查询到相应学生信息"<< endl;
    return 0;
}
```

*8. 下列程序的输出结果是_____。

```
# include < iostream >
using namespace std;
int  main( )
{   union un
    {   short a;
        char c[2];
    }e;
    e. c[0] = 'A'; e. c[1] = 'a';
    cout << e. a << endl;
    return 0;
}
```

第9章 指针、引用和链表

一、本章知识点

1. 指针变量的定义、初始化
2. 取地址运算符 &,间接访问运算符 *
3. 直接访问和间接访问
4. 指针变量作函数参数(重点)
5. 指针的运算
6. 一维数组与指针(重点)(一维数组元素指针作函数参数)
7. 指针和字符串(重点)(字符串指针作函数参数)
 *8. 二维数组与指针(难点)(元素指针,行指针,二维数组名作函数参数)
 *9. 指针数组(难点)(使用指针数组处理二维数组,利用字符指针数组处理字符串)
 *10. 指向指针的指针(二级指针)
 *11. 指针与函数(函数指针,返回指针值的函数)
12. 引用类型变量的说明及使用
 *13. const 型量
14. 存储空间的动态分配和释放(new 与 delete 的应用)
15. 结构体与指针
 *16. 单向链表的处理(难点)
17. 用 typedef 定义新的类型名

二、例题、答案和解析

知识点 1:指针变量的定义、初始化

【题目】下列对指针变量操作的语句中正确的是_____。

A) int a, * p, * q; p = q = &a;   B) int a = 20, * p; * p = a;

C) int a = 20, * p, * q = &a; * p = * q;   D) int p, * q; p = * q;

【答案】A

【解析】指针是变量的地址,用来存放地址的变量称为"指针变量",在C++语言中指针变量使用前必须初始化,使用未初始化的指针变量会出现错误,选项 B、C 和 D 均出现这种类型的错误。A 选项中定义了两个整型指针变量 p 和 q,并将整型变量 a 的地址赋值给它们,所以正确。

知识点 2:取地址运算符 &,间接访问运算符 *

【题目】运算符"&"有三种含义,第一种是_____,第二种是_____,第三种是_____。运算符"*"有两种含义,第一种是_____,第二种是_____。

【答案】按位与,引用,取地址;乘,间接访问

【解析】运算符"&"有三种含义,作为位运算符时功能是按位与,作为引用运算符时是引用,作为指针运算符时是取地址。运算符"*"作为算术运算符时是乘,作为指针运算符时是间接访问。

知识点 3:直接访问和间接访问

【题目】下列程序的输出结果是_____。

```cpp
#include <iostream>
using namespace std;
int main()
{   int a, b, m = 2, n = 4, *p = &m, *q = &n;
    a = p == &n;
    b = (-*p)/(*q) + 5;
    cout <<"a = "<< a << '\t' <<"b = "<< b << endl;
    cout <<"*p = "<< *p << '\t' <<"*q = "<< *q << endl;
    return 0;
}
```

【答案】a = 0   b = 5
         *p = 2   *q = 4

【解析】访问变量的方式有直接访问和间接访问。程序中访问变量 a 和 b 的方式属于直接访问方式;访问变量 m 和 n 的方式属于间接访问方式,*p 间接访问 m,*q 间接访问 n。

知识点 4:指针变量作函数参数(重点)

【题目】

```cpp
#include <iostream>
using namespace std;
void print(int *x, int *y, int *z)
{   cout <<++*x << ',' <<++*y << ',' << *(z++) << endl;
}
int main()
{   int a = 10, c = 20, b = 40;
    print(&a, &b, &c);
    print(&a, &b, &c);
    return 0;
}
```

上述程序的输出结果为_____。

A) 11,42,31   B) 11,41,20
   12,22,41   12,42,20

C) 11,21,40   D) 11,41,21
   11,21,41   12,42,22

【答案】B

【解析】print()函数的三个形参都是局部指针变量,函数被调用时它们获取的值是变量 a、b 和 c 的地址,即 x、y 和 z 分别指向主函数中的变量 a、b 和 c。++ * x 表示 ++(* x),即将 x 指向的 a 的值加 1,a 发生变化。 * (z++)的意义是 * (z), z = z + 1,先获取 z 指向的变量 c 的值(用于输出),然后指针 z 加 1,z 的指向发生变化,而 c 的值未发生变化。

知识点 5:指针的运算

【题目】两个类型相同的指针不能进行的运算是_____。

A) +　　　　　　　B) -　　　　　　　C) ==　　　　　　　D) =

【答案】A

【解析】指针一般可进行加、减、比较运算。指针变量可以加减一个正整数;指针加 1 表示指向下一个地址值高的基类型的存储量,指针减 1 表示指向前一个地址低的基类型的存储量。指向相同数据类型的指针变量可以相减,结果为两个指针所指向地址之间数据的个数。两个指针之间的比较运算就是直接比较两个地址值的大小。指针变量之间的加法运算无意义,因此答案选 A。

知识点 6:一维数组与指针(重点)(一维数组元素指针作函数参数)

【题目 1】已知 int a[10], * p = a;,则下列对数组 a 中元素正确的引用是_____。

A) a[10]　　　　B) a + 5　　　　　　C) * (a + 10)　　　　D) * (p + 5)

【答案】D

【解析】依据定义"int a[10], * p = a;",指针 p 指向一维数组 a 的第一个元素,a 数组中有 10 个元素,下标从 0~9,a[10]及 * (a + 10)均超过了数组的最大长度,a + 5 表示第 6 个元素的地址,因此正确选项应为 D。

【题目 2】下列程序的功能是将同时出现在数组 a 和 b 中的数据复制到数组 c 中。例如,如果数组 a 中的数据是{8, 5, 7, 1, 6, 4, 9},数组 b 中的数据是{2, 9, 3, 7, 4, 5, 0},则数组 c 中的结果数据为{5, 7, 4, 9}。下列程序中,isin 函数的功能是判断 x 是否出现在 p 指向的数组的 n 个元素中,如果出现则函数返回 1,否则返回 0。请填空。

```
# include < iostream >
using namespace std;
int isin(int * p, int n, int x) //判断 x 是否出现在 p 指向的具有 n 个元素的数组中
{
    for(int i = 0;      (1)      ; i++ )
        if(     (2)      ) return 1;
    return 0;
}
int main()
{    int a[7] = {8, 5, 7, 1, 6, 4, 9}, b[7] = {2, 9, 3, 7, 4, 5, 0}, c[7] = {0}, i,
j = 0;
    for(i = 0; i<7; i++ )  //此循环依次判断 b 中的元素是否出现在 a 数组中,
        if(isin(     (3)      ))
```

    <u> (4) </u> = *(b+i); /* 如果出现将其赋值到 c 数组中,c 数组的

               下标用 j 控制 */

  for(i=0; i<j; i++) //j 表示 c 数组中已有元素的个数

    cout << *(c+i)<< '\t';

  return 0;

}

【答案】(1) i<n   (2) *(p+i)==x 或 p[i]

    (3) a,7,*(b+i)   (4) *(c+j++)或 c[j++]

【解析】若已知 int a[10], *p=a;则访问 a 数组中下标为 i 的元素的方式有:*(a+i)、*(p+i)、a[i]、p[i]。

知识点 7:指针和字符串(重点)(字符串指针作函数参数)

【题目 1】已知有声明 char name[10], *p=na;,现需要在程序运行过程中将字符串 "Student"保存到 name 数组中,则下列选项中能正确完成此操作的语句是_____。

A) name[10] = "Student";   B) name = "Student";

C) p = "Student" ;   D) strcpy(name,"Student");

【答案】D

【解析】字符串常量"Student"的值是其起始地址。选项 A 等号左边访问的是数组元素(其类型是 char)而且是下标越界的元素,等号右边是一个指针,所以该选项错误。选项 B 虽然等号两边的类型一致,但由于 name 是指针常量,不允许赋值,因此也是错误的。选项 C 虽然赋值语句是正确的(p 的指向发生变化),但并没有将字符串"Student"保存到 name 数组中,所以本选项是错误的。选项 D 使用 strcpy 函数将字符串拷贝到字符数组 name 中,因此是正确的。

【题目 2】下列程序的输出结果是_____。

```
#include <iostream>
using namespace std;
void fun(char *s1, char *s2);
int main()
{   char s[] = "abcdefg";
    cout << s+3 << endl;
    fun(s, s+6);
    cout << s << endl;
    return 0;
}
void fun(char *s1, char *s2)
{   char c;
    while(s1<s2)
    {   c = *s1;
        *s1 = *s2;
        *s2 = c;
```

```
            s1 + = 2;
            s2 - = 2;
        }
    }
```

【答案】第一行输出为：defg；第二行输出为：gbedcfa

【解析】C++规定，输出 char * 类型的地址就是输出以该地址开始的字符串，输出其他类型的地址(如 int * 类型的)就是输出地址值。s+3 是字符串"abcdefg"中字符 d 的地址，因此语句"cout << s+3 << endl;"输出字符串 defg。在 fun( )函数中，s1 初始指向 'a'，s2 初始指向 'g'，交换 s1 和 s2 指向的字符 'a' 和 'g' 后，s1 指针加 2，s2 指针减 2，再交换 'c' 和 'e'，s1 指针加 2，s2 指针减 2，此时结束循环，因此第二行输出 gbedcfa。

＊知识点 8：二维数组与指针(难点)(元素指针，行指针，二维数组名作函数参数)

【题目 1】已知有定义 int a[4][4] = {{1, 2, 3, 4}, {5, 6, 7, 8}, {9, 10, 11, 12}, {13, 14, 15, 16}};，若要引用值为 10 的数组元素，则下列选项中错误的是_____。

A) a[2][1]　　　　　　　　　　　B) * (a+2)+1

C) * (* (a+2)+1)　　　　　　　　D) * (a[2]+1)

【答案】B

【解析】二维数组中元素 a[i][j] 的引用方法有：a[i][j]，* (a[i] + j)，* (* (a+i) + j)，(* (a+i))[j]，* (&a[0][0]+M*i+j)(M 为二维数组的列数)。a 数组中值为 10 的元素其行下标为 2，列下标为 1，因此选项 A、C 和 D 均正确。而选项 B 中的 * (a+2)+1 表示a[2][1]元素的地址。二维数组中元素 a[i][j]地址的表示方法有：&a[i][j]，a[i]+j，* (a+i)+j，&a[0][0]+M*i+j(M 为二维数组的列数)。

【题目 2】下列程序的输出结果是_____。

```
#include <iostream>
using namespace std;
int fun(int ( * p)[4], int row, int col)
{   int i, j, s = 0;
    for (i = 0; i<row; i++)
        for (j = 0; j<col; j++)
            s = s + * ( * (p+i)+j);
    return s;
}
void main ( )
{   int a[3][4] = {1, 3, 5, 7, 9, 11, 13, 15, 17, 19, 21, 23};
    int s = fun(a, 3, 2);
    cout << s << endl;
}
```

A) 60　　　　　　B) 68　　　　　　C) 99　　　　　　D) 108

【答案】A

【解析】该题是使用行指针访问二维数组的应用。a 数组中值为

```
1   3   5   7
9  11  13  15
17 19  21  23
```

二重循环的外循环控制二维数组的行,内循环控制二维数组的列,分析得出是将二维数组中前两列元素的值相加,因此输出结果为 60。

【题目 3】下列程序的输出结果是_____。

```cpp
# include < iostream >
int main( )
{   int a[3][4] = {1, 2, 3, 4, 5, 6, 7, 8, 9, 10, 11, 12}, * p;
    for(p = a[0]; p＜a[0] + 12; p++)
    {   cout << * p << '\t';
        if((p + 1 - a[0]) % 4 == 0)
            cout << endl;
    }
    return 0;
}
```

【答案】

```
1        2        3        4
5        6        7        8
9        10       11       12
```

【解析】二维数组在内存中的物理存储是一维的,按行存储。本题使用元素指针访问二维数组,通过元素指针依次访问二维数组中各元素。if 语句控制每行输出 4 个元素。

知识点 9：指针数组(难点)(使用指针数组处理二维数组,利用字符指针数组处理字符串)

【题目】下列程序的功能是_____,程序输出结果为_____。

```cpp
# include < iostream >
# include < cstring >
using namespace std;
void fun(char * s[], int n)
{   int i, j;
    char * temp;
    for(i = 0; i＜n; i++)
        for(j = 0; j＜n - 1 - i; j++)
            if(strcmp(s[j], s[j + 1])＞0)
            {   temp = s[j];
                s[j] = s[j + 1];
                s[j + 1] = temp;
            }
}
```

```
int main( )
{   int i;
    char * s[ ] = {"C++", "C", "Java", "VB", "FORTRAN", "C#"};
    fun(s, 6);
    for(i = 0; i<6; i++)
        cout << s[i]<< endl;
    return 0;
}
```

【答案】

程序功能:将一系列字符串按从小到大进行排序并输出。

输出结果:

C

C#

C++

FORTRAN

Java

VB

【解析】本题使用指针数组处理字符串,指针数组的每个元素中存放一个字符串的地址,例如 s[0]中存放的是字符串"C++"的地址。排序算法使用的是冒泡排序方法。

* 知识点 10:指向指针的指针(二级指针)

【题目】已知有程序

```
# include < iostream >
using namespace std;
int main( )
{   int a[5] = {2, 4, 6, 8, 10}, * p, * * k;
    p = a;
    k = &p ;
    cout <<( * (p++))<< '\t';
    cout <<( * * k)<< endl;
    return 0;
}
```

则程序的输出结果是_____。

A) 4 4　　　　　　B) 2 2　　　　　　C) 2 4　　　　　　D) 4 6

【答案】C

【解析】本题涉及二级指针的使用。初始时,k 指向 p,p 指向 a[0],第 1 个输出语句完成后,p 指向 a[1],而 k 仍然指向 p,因此第 2 个输出语句输出 a[1]的值。

* 知识点 11:指针与函数(函数指针,返回指针值的函数)

【题目 1】下列程序运行结果为_____。

```cpp
#include <iostream>
using namespace std;
int funa (int a, int b)
{   return a + b;
}
int funb (int a, int b)
{   return a - b;
}
int sub(int (*t)(int, int), int x, int y)
{   return  t(x, y);
}
int main( )
{   int x, (*p)(int, int);
    p = funa;
    x = sub(p, 9, 3);
    x + = sub(funb, 8, 3);
    cout << x << endl;
    return 0;
}
```

【答案】17

【解析】本题涉及函数指针的使用。C++中函数名为函数指针常量,即函数的入口地址。main 函数中的指针变量 p 以及 sub 函数的形参 t 均是函数指针变量,它们均应指向具有 2 个整型参数且返回值为整型量的函数。而函数 funa 和 funb 均为具有 2 个整型参数且返回值为整型量的函数名,因此 funa 和 funb 的指针类型与 p 和 t 相同,将 funa 和 funb 赋值给 p 和 t,然后通过 p 和 t 可调用它们指向的 funa 或 funb 函数。程序中第一次调用 sub 函数,t(x,y)调用的是 funa 函数,第二次调用 sub 函数,t(x,y)调用的是 funb 函数。

【题目 2】下列程序的输出结果是＿＿＿＿＿。

```cpp
#include <iostream>
using namespace std;
char *fun(char *str, char c)
{   char *p = str ;
    while (*p&&*p! = c) p++ ;
    return (*p?p:NULL) ;
}
int main ( )
{   char s[ ] = "I am a student.";
    char k = 'a', *q;
    q = fun(s, k);
    for (; *(q+4)! = 0; q++)
```

```
            cout << * q;
      cout << endl;
      return 0;
  }
```

【答案】am a stud

【解析】本题涉及返回指针值的函数的使用。fun 函数的返回值类型是 char 型指针,函数的功能是在 str 指向的字符串中查找字符变量 c 中存储的字符第一次出现的位置,如果查找到则返回该字符的地址,否则返回 NULL。main 函数中返回字符串中第一个 a 出现的位置,*(q+4)!＝0 时输出 * q,因此依次输出 am a stud。

知识点 12:引用类型变量的说明及使用

【题目】已知有变量定义 int x = 10;,则将 rx 定义为变量 x 的引用的是_____。

A) int rx = x;　　　　　　　　　　　　B) int rx = &x;

C) int * rx = &x;　　　　　　　　　　　D) int &rx = x;

【答案】D

【解析】定义引用类型变量的一般格式为"<数据类型> & <引用变量名> = <变量名>;",其中<变量名>为已定义的变量。

* 知识点 13:const 型量

【题目】已知有变量声明:const int * p; const int a = 15; int b;,下列有关 const 指针的使用不符合语法的是_____。

A) p = &a;　　　　B) p = &b;　　　　C) * p = 5;　　　　D) b = * p;

【答案】C

【解析】本题中 p 是一个指向常量的指针,这种类型指针的意义是,它既可以指向变量也可以指向常量,但是不能通过它修改其指向的量。因此答案应为 C。

拓展知识:若有定义 int * const p = &a;则 p 为指针常量,即在定义时 p 必须初始化,此后 p 不允许被重新赋值。若有定义 const int * const p = &a;则 p 为指向常量的指针常量,不能通过 p 改变它所指向的量,也不能改变指针 p 本身的指向。

知识点 14:存储空间的动态分配和释放(new 与 delete 的应用)

【题目】下列有关 delete 的描述中,错误的是_____。

A) delete 是运算符

B) 它必须用于 new 返回的指针

C) delete[]可以删除任意维的动态数组

D) 对一个指针可以连续使用多次 delete

【答案】D

【解析】new 用于动态申请存储空间,delete 用于释放由 new 动态申请的存储空间。delete 运算符的有两种使用格式。一种是 delete <指针变量>;,其意义是释放一个由<指针变量>指向的变量的空间。另一种是 delete [N] <指针变量>;,这里 N 可省略,其意义是释放一个由<指针变量>指向的数组空间,该数组有 N 个元素。数组可以是一维或多维的。

知识点 15：结构体与指针

【题目】已知有结构体类型及变量定义：

```
struct student
{    char num[20];
     int age;
} stud1, * p;
p = &stud1;
```

下列对结构体变量 stud1 的成员 age 的非法引用是_____。

A) stud1.age   B) student.age   C) p -> age   D) (* p).age

【答案】B

【解析】A 选项是通过结构体变量访问成员的基本方法；本题 p 指向 stud1，因此 * p 与 stud1 等价，由于成员访问运算符"."的优先级比指针运算符 * 的优先级高，所以用(* p)替换选项 A 中的 stud1，得到 D 中的访问方式，D 选项正确。C 选项通过成员指向运算符 "->"访问成员，也是正确的。B 选项中的 student 是类型名，不能通过它访问成员。

* 知识点 16：单向链表的处理（难点）

【题目】输入一行字符串，并统计该字符串中各个字符出现的次数（频数）。算法提示：先输入一个字符串，对字符串中的每一个字符，先到链表上逐个结点查找，若找到该字符的结点，则在该结点的次数加 1；否则，为该字符产生一个结点，并插入链首。最后输出链上的每一个字符及其次数。请填空。

```cpp
#include < iostream >
using namespace std;
struct node
{    char c ;
     int count;
     node * next;
};
void print(node *  head)
{    while (head)
     {    cout << head -> c <<"字符的次数为:"<< head -> count << '\ n';
          head = head -> next;
     }
}
node *  search (node *  head, char ch)
{    node *  p;
     p = head;
     while (_____(1)_____)
     {    if (p -> c == ch)
          {    p -> count ++ ;
```

```
                    _____(2)_____;
            }
            else p = p -> next;
        }
        if (p == NULL)
        {   p = _____(3)_____;
            p -> c = ch;
            p -> count = 1;
            _____(4)_____ = head;
            head = p;
        }
        return head;
    }
    int main( )
    {   char s[300], * p = s;
        node * head;
        char c;
        cout << "请输入一个字符串:";
        cin. getline(s, 300);
        head = NULL;
        while (c = * p++ ) head = search(head, c);
        print (head);
        return 0;
    }
```

【答案】(1) p 或 p! = NULL 或 p! = 0 (2) break (3) new node (4) p -> next

【解析】在链表中查找有无输入的字符,(1)空应该填 p 控制链表是否遍历结束。若在链表中查找到输入的字符,则出现的次数加 1 且结束循环,因此(2)空填 break。若在链表中没有查找到相应字符,则要建立一个新结点,因此(3)空应填 new node;然后,将新建立的结点插入到链表头部,因此(4)空应填 p -> next。

知识点 17:用 typedef 定义新的类型名

【题目】设有如下语句:

```
typedef struct Date {  int year;
                        int month;
                        int day;
                    }DATE;
```

则以下叙述中错误的是_____。

A) struct Date 是用户定义的结构体类型   B) struct 是结构体类型的关键字

C) DATE 是用户说明的新结构体类型名   D) DATE 是用户定义的结构体变量

【答案】D

【解析】typedef 用来定义新的类型名，一般形式为：typedef ＜原有类型名＞＜新类型名＞；因此在此题中，struct Date 为原有结构体类型名，struct 为结构体关键字，DATE 为新的类型名，因此 A、B 和 C 三个选项都正确，D 这个选项是错误的描述。

三、练习题

1. 变量的指针，其含义是指该变量的_____。

A) 值　　　　　　　　B) 地址　　　　　　　C) 名　　　　　　　D) 一个标志

2. 下列对于指针变量的描述不正确的是_____。

A) 指针变量是地址变量　　　　B) 指针变量不能用除 0 以外的常量赋值

C) 两个指针变量的加法无意义　　D) 指向不同基类型的指针变量占用内存空间长度不同

3. 下列程序出错的原因是_____。

```
#include <iostream>
using namespace std;
int main ( )
{   int i, *p;
    char c, *q;
    p = &i;
    q = &c;
    *p = 4;
    *p = *q;
    return 0;
}
```

A) *p 中存放的是地址值，因此不能执行语句 *p = 4;

B) p 和 q 类型不一致，不能执行语句 *p = *q;

C) q 没有指向具体的存储单元，所以 *q 没有实际意义

D) q 已指向具体的存储单元，但该单元中没有确定的值，因此不能执行语句 *p = *q;

4. 已知 int *p, a = 10; p = &a; 下列选项中均代表地址的一组选项是_____。

A) a, p, *&a　　　B) &a, &*p, p　　　C) &*a, &a, *p　　　D) *&p, *p, &a

5. 已知 int *p, a = 5, b; 下列正确的程序段是_____。

A) p = &b; cin >> p;　　　　　　　B) p = &b; cin >> &p;

C) p = &b; *p = a;　　　　　　　　D) cin >> b; *p = b;

6. 已知 int *p, *q, k, a = 5; p = q = &a; 下列错误的赋值语句是_____。

A) k = p + q;　　　B) a = *p + *q;　　　C) p = q;　　　D) *p = k + *q;

7. 下面程序执行后的输出结果是_____。

```
#include <iostream>
using namespace std;
void fun(char *c, char d)
{   *c = *c + 1; d = d + 1;
    cout << *c << "," << d << ",";
```

```
}
int main()
{   char a = 'A', b = 'a';
    fun(&b,a); cout << a <<","<< b << endl;
    return 0;
}
```

A) B,a,B,a   B) a,B,a,B   C) A,b,A,b   D) b,B,A,b

8. 有定义如下：int a[5], *p = a;则下列描述错误的是_____。

A) 表达式 p＝p+1 是合法的   B) 表达式 a＝a+1 是合法的

C) 表达式 p－a 是合法的   D) 表达式 a＋2 是合法的

9. 有程序段：int a[10] = {1,2,3,4,5,6,7,8,9,10}, *p = &a[3],b; b = p[5];,则 b 的值是_____。

A) 5   B) 6   C) 8   D) 9

10. 设有如下定义,则程序段的输出结果是_____。

```
int arr[] = {6,7,8,9,10};
int * ptr;
ptr = arr;
*(ptr + 2) + = 2;
cout << * ptr <<","<< *(ptr + 2);
```

A) 8,10   B) 6,8   C) 7,9   D) 6,10

11. 下列程序的输出结果是_____。

```
#include < iostream >
using namespace std;
void fun (int * s)
{   static int j = 0;
    do
        *(s + j) + = *(s + j + 1);
    while (++ j < 2);
}
int main( )
{   int i,a[10] = {1,2,3,4,5};
    for (i = 1; i < 3; i++ )
        fun(a);
    for (i = 0; i < 5; i++ )
        cout << a[i];
    cout << '\n';
    return 0;
}
```

A) 34756   B) 23445   C) 35745   D) 12345

12. 若有如下程序

```
#include <iostream>
using namespace std;
void fun(int *x, int s, int e)
{   int i, j, t;
    for(i = s, j = e; i < j; i++, j--)
    {t = *(x+i); *(x+i) = *(x+j); *(x+j) = t;}
}
int main()
{   int m[] = {0,1,2,3,4,5,6,7,8,9}, k;
    fun(m,0,3); fun(m+4,0,5); fun(m,0,9);
    for(k = 0; k < 10; k++)
        cout << m[k];
    return 0;
}
```

程序的运行结果是_____。

A) 0987651234   B) 3210987654   C) 9876543210   D) 4567890123

13. 若有以下函数首部,则下面针对此函数的函数声明语句中正确的是_____。

int fun(double x[10], int *n)

A) int fun(double x, int *n)   B) int fun(double x, int n)

C) int fun(double *, int *)   D) int fun(double *, int &)

14. 字符指针变量可以指向字符串,若有定义 char *s1;,其含义是_____。

A) 分配指针空间及串空间

B) 不分配指针空间和串空间

C) 不分配指针空间,分配串空间

D) 分配指针空间,不分配串空间

15. 若有 char *p = "Student";则下列选项中错误的是_____。

A) char &q = *p;   B) char *q = *p;

C) char *q = p+2;   D) p = p+2;

16. 以下选项中,正确的语句组是_____。

A) char s[10]; s = "BOOK!";   B) char s[]; s = "BOOK!";

C) char *s; s = {"BOOK!"};   D) char *s; s = "BOOK!";

17. 设已有定义 char *st = "how are you";下列程序中正确的是_____。

A) char a[11], *p; strcpy(p = a+1, &st[4]);

B) char a[11], *p; strcpy(++a, st);

C) char a[11], *p; strcpy(a, st);

D) char a[], *p; strcpy(p = a[1], st+2);

18. 下列程序执行后的输出结果是_____。

```
#include <iostream>
```

```
using namespace std;
int main()
{   char b[] = "happynewyear";
    cout <<"12345678" + 4 << b + 8;
    return 0;
}
```

A) 5678wyear   B) 5678year   C) 12345682year   D) 52345678year

19. 下列程序的运行结果是_____。

```
#include < iostream >
using namespace std;
int main()
{   char a[4] = "23", * b = "10\0";
    cout << strlen(a) + sizeof(a) + strlen(b) + sizeof(b);
    return 0;
}
```

A) 9   B) 12   C) 18   D) 13

20. 引用的调用方式是_____。

A) 形参和实参都是变量

B) 形参是引用,实参是变量

C) 形参是指针,实参是地址值

D) 形参是变量,实参是地址值

21. 下列有关引用的说法中,错误的是_____。

A) 函数可以返回引用

B) 返回值的类型为引用时不产生值的副本

C) 形参和实参前加 & 均为引用类型变量

D) 若一个函数返回了引用,则该函数的调用也可以被赋值

22. 已知有 char * p = new char[20];,则释放 p 所指向的动态存储空间应使用的语句是_____。

A) delete p;   B) delete * q;

C) delete &q;   D) delete [] p;

23. 下列有关 new 和 delete 运算符的描述中,错误的是_____。

A) new 运算符分配的空间只能用 delete 运算符撤销

B) 对一个指针只能使用一次 delete

C) 当用于删除数组时,在 delete 运算符后面可直接跟数组名,而不用管数组的维数

D) new 运算符分配数组空间时不能指定初值

24. 下列程序的输出结果是_____。

```
#include < iostream >
using namespace std;
void fun(double * p1, double * p2, double * s)
```

```
{   s = new double;
    * s = * p1 + * (p2++);
}
int main( )
{   double a[2] = {1.1, 2.2};
    double b[2] = {10.0, 20.0}, * s = a;
    fun(a, b, s);
    cout << (* s) << endl;
    return 0;
}
```

A) 11.1   B) 12.2   C) 21.1   D) 1.1

25. 下列程序的运行结果是_____。

```
#include < iostream >
using namespace std;
void fun(int * p1, int * s)
{   int * t;
    t = new int[2];
    * t = * p1 + * p1++;
    * (t + 1) = * p1 + * p1;
    s = t;
}
int main()
{   int a[2] = {1, 2}, b[2] = {0};
    fun(a, b);
    cout << b[0] << "," << b[1];
    return 0;
}
```

A) 2,4   B) 0,0   C) 2,6   D) 1,2

26. 下列程序的输出结果是_____。

```
#include < iostream >
using namespace std;
struct data
{   int x, y;
}d[2] = {2, 4, 6, 8};
int main( )
{   data * p = d;
    cout << ++p->x << '\t' << ++p->y << endl;
    return 0;
}
```

A) 2　4　　　　　　B) 3　5　　　　　　C) 6　8　　　　　　D) 8　2

27. 下列程序的运行结果是_____。

```cpp
#include <iostream>
using namespace std;
struct person
{   char name[10];
    int age;
};
int main()
{   person room[4] = {{"Zhang",19},{"Li",20},{"Wang",17},
                      {"Zhao",18}};
    cout <<(room + 2) -> name <<":"<< room -> age;
    return 0;
}
```

A) Wang:17　　　　B) Wang:19　　　　C) Li:20　　　　D) Li:19

28. 下列各选项欲定义一种新的类型名,其中正确的是_____。

A) typedef v int;　　　　　　　　　B) typedef v = int;

C) typedef int v;　　　　　　　　　D) typedef v:int;

29. 若有定义 typedef int T[10];　T a[20];则与此定义完全等价的说明语句是_____。

A) int a[10][20]　　B) int a[20]　　　C) a[20][10]　　　D) int a[10]

30. 下列程序的运行结果是_____。

```cpp
#include <iostream>
using namespace std;
void f(int x[], int n)
{   if (n > 1)
    {   cout << x[n-1];
        f(x,n-1);
        cout << x[n-1];
    }
    else
        cout << x[n-1];
}
int main()
{   int a[4] = {1,2,3,4};
    f(a,4);
    return 0;
}
```

A) 12344321　　　B) 43211234　　　C) 1234321　　　D) 4321234

31. 下列程序的功能是_____,程序的输出结果是_____。

```cpp
#include <iostream>
using namespace std;
int main()
{   int a=10,c=30,b=20,m,*p,*q,*r;
    p=&a;
    q=&b;
    r=&c;
    cout<<*p<<','<<*q<<','<<*r<<endl;
    m=*p;
    if(*q>*p) m=*q;
    if(*r>m) m=*r;
    cout<<"m="<<m<<endl;
    return 0;
}
```

32. 下列程序的输出结果是_____。

```cpp
#include <iostream>
using namespace std;
void fun(int n, int *s)
{   int f1,f2;
    if (n==1||n==2)
        *s=1;
    else
    {   fun(n-1,&f1);
        fun(n-2,&f2);
        *s=f1+f2;
    }
}
int main()
{   int x;
    fun (6,&x);
    cout<<x<<endl;
    return 0;
}
```

33. 下列程序的输出结果是_____。

```cpp
#include <iostream>
using namespace std;
void  reverse(int *b,int n)
{   int *p,t;
```

```
        p = b + n - 1;
        while(b < p)
        {   t = * b; * b = * p; * p = t;
            b++ ;p-- ;
        }
    }
    int   main()
    {   int   a[10] = {1,2,3,4,5,6,7,8,9,10},i;
        reverse(a + 2,6);
        for(i = 0; i < 10; i++ )
        {   cout << a[i]<< '\t';
            if((i + 1) % 5 == 0)
                cout << endl;
        }
        return 0;
    }
```

34. 下列程序的输出结果是_____。

```
# include < iostream >
# include < cstring >
using namespace std;
int main ( )
{   char p1[10] = "abc", * p2 = "ABC";
    char str[50] = "xyz";
    strcpy(str + 2, strcat(p1,p2));
    cout << str << endl;
    return 0;
}
```

35. 下列程序的输出结果是_____。

```
# include < iostream >
using namespace std;
void fun(int x , int &y , int * z)
{   int t ;
    t = x;        x = y;        y = t;
    x = x * x;    y = y * y;    * z = x + y ;
}
int main ( )
{   int x,y,z ;
    x = 2; y = 4; z = 0;
    fun(x,y,&z);
```

```
    cout <<"x = "<< x <<",y = "<< y <<",z = "<< z << endl;
    return 0;
}
```

36. 下列程序的输出结果是_____。

```
#include < iostream >
using namespace std;
int main()
{   int aa[3][3] = {{2},{4},{6}};
    int   i, * p = &aa[0][0];
    for (i = 0;i < 2;i++)
    {   if (i == 0)
            aa[i][i+1] = * p+1 ;
        else
            ++p ;
        cout << * p;
    }
    return 0;
}
```

37. 下列程序的输出结果是_____。

```
#include < iostream >
using namespace std;
char * str(char * s1, char * s2)
{
    char * s = s1;
    while ( * s) s++;
    * s++ = ' ';
    while ( * s++ = * s2++);
    * s++ = ' ';
    return s1;
}
int main( )
{   char s1[80] = {"NanJing"};
    char s2[80] = {"is"};
    char s3[80] = {"beautiful"};
    str(s1, s2);
    cout << str(s1, s3)<< endl;
    return 0;
}
```

38. 下列程序的输出结果是_____。

```cpp
#include <iostream>
using namespace std;
int main( )
{   int a[] = {1, 2, 3, 4}, *pa = a;
    int *&pb = pa;
    pb++ ;
    cout << *pa << endl;
    return 0;
}
```

39. 下列程序的输出结果是_____。

```cpp
#include <iostream>
#include <cstring>
#include <iomanip>
using namespace std;
struct student
{   int num;
    char name[20];
    double score;
};
void fun(struct student *s);
int main()
{   struct student stu = {12345, "Zhangwei", 98.0};
    cout << setw(10) << stu. num << setw(16) << stu. name << setw(5) << stu.
    score << endl;
    fun(&stu);
    cout << setw(10) << stu. num << setw(16) << stu. name << setw(5) << stu.
    score << endl;
    return 0;
}
void fun(struct student *s)
{   s->num = 23456;
    strcpy(s->name, "Liming");
    s->score = 88;
}
```

*40. 已知 int a[3][4];,下列不能表示数组元素 a[1][2]地址的是_____。

A) a[1]+2 　　　　B) &a[1][2] 　　　　C) *(a+1)[2] 　　　D) *a+6

*41. 已知 int (*p)[4];下列叙述中正确的是_____。

A) p 是一个指针数组

B) (*p)[4]与 *p[4]等价

C) p 是一个指针,它可以指向整型一维数组中任一元素

D) p 是一个指针,它只能指向一个包含 4 个 int 类型元素的一维数组

*42. 已知有程序片段:

```
int a[12] = { 0 } , * p[3] , * * pp , i ;
for ( i = 0 ; i < 3 ; i++ )
    p[ i ] = &a[ i * 4 ] ;
pp = p ;
```

则对数组 a 中元素的错误引用是_____。

A) pp[0][1]　　　　B) p[0][1]　　　　C) p[3][1]　　　　D) * (* (p+2) +2)

*43. 对下面各语句的描述中,正确的是_____。

```
const int * p;                    //(1)
int a; int * const p = &a;        //(2)
int a; const int * const p = &a;  //(3)
```

A) 语句(1)中定义的 p 的含义是指针变量 p 不能改变

B) 语句(2)中定义的 p 的含义是指针变量 p 所指向的值不能改变

C) 语句(1)和(2)中定义的 p 是相同的含义的不同定义方式

D) 语句(3)中定义的 p 的含义是指针变量 p 及其所指向的值不能改变

*44. 下列语句错误的是_____。

A) const int a = 10;

B) const int a;

C) const int a = 10; const int * p = &a;

D) const double * pd = new double(15.5);

*45. 下列程序的输出结果是_____。

```
# include < iostream >
using namespace std;
void fun(int * * s, int p[2][3])
{    * * s = p[1][1];   }
int main( )
{    int a[2][3] = {1,3,5,7,9,11}, * p ;
     p = new int ;
     fun(&p,a) ;
     cout << * p << endl;
     delete p;
     return 0;
}
```

A) 1　　　　B) 7　　　　C) 9　　　　D) 11

*46. 下列程序的输出结果是_____。

```
# include < iostream >
using namespace std;
```

```cpp
int main ( )
{    char ch[2][5] = {"6934","8254"}, * p[2];
     int i, j, s = 0;
     for (i = 0; i < 2; i++)
         p[i] = ch[i];
     for (i = 0; i < 2; i++)
         for(j = 0; p[i][j] > '\0' && p[i][j] < = '9'; j += 2)
             s = 10 * s + p[i][j] - '0';          //组成一个数
     cout << s << endl;
     return 0;
}
```

A) 6385　　　　　　B) 69825　　　　　　C) 63825　　　　　　D) 693825

*47. 已知有声明 int * (* p)();,其含义是_____。

A) p 是一个指向 int 型数组的指针

B) p 是一个指针数组变量

C) p 是一个指向函数的指针,该函数的返回值是一个整型数

D) p 是一个指向函数的指针,该函数的返回值是一个指向整型的指针

*48. 下列程序的输出结果是_____。

```cpp
#include < iostream >
using namespace std;
int main( )
{    int a[] = {2, 4, 6, 8};
     int * p[3] = {a + 2, a + 1, a};
     for(int i = 0; i < 3; i++)
         cout << * p[i] << '\t';
     return 0;
}
```

*49. 下列程序的输出结果是_____。

```cpp
#include < iostream >
using namespace std;
void fun( char  * * p)
{    int  i;
     for(i = 0; i < 4; i++)
         cout << p[i];
}
int main()
{    char  * s[5] = {"ABCD","EFGH","IJKL","MNOP","QRST"};
     fun(s);
     cout << endl;
```

```
        return 0;
}
```

* 50. 下列程序的输出是_____。

```
#include < iostream >
using namespace std;
#define N 10
int main( )
{   void setdata(int ( * s)[N], int n);
    void outdata(int s[ ][N], int n);
    int y[N][N], n = 5;
    setdata(y, n);
    outdata(y, n);
    return 0;
}
void setdata(int ( * s)[N], int n)
{   int i, j;
    for(i = 0; i < n; i++ )
    {   s[i][i] = 1;
        s[i][0] = 1;
    }
    for(i = 2; i < n; i++ )
        for(j = 1; j < i; j++ )
            s[i][j] = s[i-1][j-1] + s[i-1][j];
}
void outdata(int s[ ][N], int n)
{   int i, j;
    for(i = 0; i < n; i++ )
    {   for(j = 0; j <= i; j++ )
            cout << s[i][j] << '\t';
        cout <<"\ n";
    }
}
```

* 51. 下列程序首先建立一个链表,函数 fmax() 的功能是:求出链表所有结点中,数据域值最大的结点的位置,函数返回该最大结点的位置。该函数的第一个参数是链表的首指针。请填空。

```
#include < iostream >
using namespace std;
struct node
{   int data;
```

```cpp
    node * next;
};
node * fmax(node * head)
{   node * p, * s;
    p = head;
    s = p;
    if(head == NULL) return NULL;
    while (p)
    {   if (p -> data >_____(1)_____) s = p ;
        p = p -> next;
    }
    return s;
}
void print(node * p)
{   while (p)
    {   cout << p -> data <<"  ";
        p = _____(2)_____;
    }
    cout << endl;
}
int main( )
{   node * h = 0,  * p,  * p1;
    int a;
    cout <<"Inpur data :";
    cin >> a;
    while(a! =- 1)
    {   p = new node;
        p -> data = a;
        if(h == 0)
        {   h = p;
            p1 = p;
        }
        else
        {   _____(3)_____ = p;
            p1 = p;
        }
        cout << "Input data:" ;
        cin >> a ;
    }
```

```
    if(h) ____(4)____ = 0;
    print(h);
    p = fmax(h);
    if (p) cout <<"Max data is:"
    << p - > data << endl;
    return 0;
}
```

*52. integrate 函数是一个用梯形法求定积分的通用函数。梯形法求定积分的通用公式为：$s = \left(\dfrac{f(a)+f(b)}{2} + \sum\limits_{i=1}^{n-1} f(a+i\times h) \right) \times h \quad h = \left| \dfrac{a-b}{n} \right|$，其中 n 为积分区间的分隔数。下列程序调用 integrate 函数，求 $\int_a^b (x^2 + 3x + 2)\mathrm{d}x$ 的积分，其中 a = 1.0, b = 2.0。请填空。

```
# include < iostream >
# include < cmath >
using namespace std;
double addr(double x)
{    return x * x + 3.0 * x + 2.0;    }
double integrate(_____(1)_____, double a, double b)
{    double y, h;
     int i, n = 1000;
     y = _____(2)_____;
     h = _____(3)_____;
     for(i = 1; i <= n - 1; i++)    y + = fp(a + i * h);
     return (_____(4)_____);
}
int main( )
{    double y, ( * pf)(double);
     pf = addr;
     y = integrate(pf, 1.0, 2.0);
     cout <<"积分值 = "<< y << endl;
     return 0;
}
```

第 10 章　类和对象

一、本章知识点

1. 结构体和类的区别
2. 类中数据成员的构成
3. 成员的访问权限
4. 成员函数的定义
5. 类和对象的区别
6. 构造函数的作用、特性和种类(重点)
7. 析构函数的作用和特性(重点)
8. 构造函数和析构函数的自动生成
9. 构造函数和析构函数的调用时机及顺序(重点)
10. 构造函数、析构函数和对象成员
11. 利用构造函数进行类型转换
12. 构造函数和对象数组
13. 类定义中的内联函数和外联函数
14. this 指针
15. 成员函数的参数与类内的数据成员同名,区分方法

二、例题、答案和解析

知识点 1:结构体和类的区别

【题目】下列有关结构体定义的叙述中,正确的是_____。

A) 不能指定其成员的访问权限　　　B) 不能包含成员函数

C) 其成员的缺省访问权限为公有的　　D) 不能包含对象成员

【答案】C

【解析】结构体和类的唯一区别是:在结构体中,成员的默认访问权限是公有的,而类中成员的默认访问权限是私有的。结构体中除了可定义数据成员之外,也可以定义成员函数。

知识点 2:类中数据成员的构成

【题目】有如下两个类定义,在 B 类的定义中哪些数据成员的定义是非法的?

```
class A{ };
class B
{   A a1;
    B b1;
    B * p1;
    B &b2;
```

```
        int x = 0;
        const int y;
    public:
        B(B &b3) : y(0), b2(b3) { }
    };
```

【答案】b1 和 x 的定义是非法的。

【解析】b1 是 B 类对象,它不可以做自身类的成员。类是一个抽象描述,它不是一个具体对象,因此在定义类时,不可以给数据成员赋初值,如对 x 的赋值是非法的。

相关知识:其他类的对象可以作为成员,称为对象成员,例如 a1 是已知类 A 的对象,它可以作为新定义类 B 的对象成员。自身类的指针可以作为成员,如 p1。自身类的引用也可以作为自身的成员,如 b2,其初始化必须在构造函数的成员初始化列表中完成,如 b2(b3)。类内可以定义常数据成员,如 y,其初始化也必须在构造函数的成员初始化列表中完成,如 y(0)。

知识点 3:成员的访问权限

【题目】有如下类定义

```
class A
{   int x;
protected:
    int y;
public:
    int z;
    A( ):x(0),y(0){ }
    int GetX( ){return x;}
    void SetX(int x){A::x = x;}
} obj;
```

已知 obj 是类 A 的对象,下列语句中错误的是_____。

A) obj.y; B) obj.z; C) obj.GetX( ); D) obj.SetX(0);

【答案】A

【解析】y 是保护成员,只能在类体内直接访问,不能在类体外直接访问。相关知识:对于公有成员(含数据成员和成员函数),在类体内和类体外均可直接访问。对于保护的和私有的成员在类体内均可以直接访问,在类体外均不可直接访问。类中成员的默认访问权限是私有的,如成员 x 是私有成员。

知识点 4:成员函数的定义

【题目】有如下类定义

```
class Sample
{   int x, y;
public:
    Sample( ):x(0),y(0){ }
```

```
    int getX( ){return x;}
    int getY( );
} obj;
```

已知成员函数 getY( )的功能是返回私有成员 y 的值,则该函数在类体外的定义是_____。

【答案】int Sample::getY( ){ return y; }

【解析】成员函数可以在类体内定义也可在类体外定义。若在类体外定义,首先要在类体内给出函数的原型声明,在类体外定义时,必须在函数名前加类名限定,如 Sample::。

知识点 5:类和对象的区别

【题目】下列关于类和对象的叙述中,错误的是_____。

A) 一个类只能有一个对象

B) 对象是类的具体实例

C) 类是对某一类对象的抽象

D) 类与对象的关系是一种数据类型与变量的关系

【答案】A

【解析】类是抽象的,对象是具体的;类是对一类对象的共同属性的抽象描述,一个类可以有多个对象,一个对象只能属于一个类。

知识点 6:构造函数的作用、特性和种类(重点)

【题目 1】下列关于对象初始化的叙述中,正确的是_____。

A) 定义对象的时候不能对对象进行初始化

B) 定义对象之后可以显式地调用构造函数进行初始化

C) 定义对象时将自动调用构造函数进行初始化

D) 在一个类中必须显式地定义构造函数实现初始化

【答案】C

【解析】C++定义对象时,一定自动调用构造函数对其初始化。对选项 B,构造函数不能通过对象显式调用。对选项 D,如果用户没有显式定义任何构造函数,则系统会自动生成一个默认构造函数和一个拷贝构造函数,即一个类必定有构造函数,但未必是显式定义的。

【题目 2】下列程序的输出结果是_____。

```
class A
{
public:
    A(int x = 0) { cout << x;}         //1
    A(const A &x) { cout << 2; }       //2
    ~A() { cout << 3; }                //3
};
int main( )
{ A a1(), a2, a3(9), a4(a2), a5 = a3; return 0; }
```

【答案】09223333

【解析】对于 A a1(),其意义是函数声明,a1 是函数名,该函数没有参数且返回一个 A 类对象,注意 a1 不是对象,而是函数名。接着创建 4 个对象 a2～a5。创建 a2 和 a3 对象时均调用第 1 行的构造函数,创建 a2 时形参使用默认值 0,创建 a3 对象时形参获取实参的值 9。创建 a4 和 a5 对象时均调用第 2 行的拷贝构造函数,a2 初始化 a4,a3 初始化 a5。在主函数结束时,依次撤销 a5、a4、a3 和 a2 这 4 个对象,此时第 3 行的析构函数被调用 4 次。另外,构造函数可以重载,本题定义了 2 个重载的构造函数。

知识点 7:析构函数的作用和特性(重点)

【题目】下列关于析构函数的描述中,错误的是_____。

A) 析构函数可以重载   B) 析构函数由系统自动调用
C) 每个对象的析构函数只被调用一次   D) 每个类都有析构函数

【答案】A

【解析】每个类有且仅有一个析构函数,不可重载。系统在撤销对象时,自动调用其析构函数,做一些善后清理工作,例如释放对象动态空间。注意,析构函数可由对象显式调用,用于一些特殊场合。但构造函数不可以由对象显式调用,因为构造函数是用于创建新对象的,新对象都没有创建完成,怎么可以通过该对象调用成员函数呢?

知识点 8:构造函数和析构函数的自动生成

【题目】在C++中,编译系统自动为一个类生成缺省构造函数的条件是_____。

A) 该类没有定义任何有参构造函数   B) 该类没有定义任何无参构造函数
C) 该类没有定义任何构造函数   D) 该类没有定义任何成员函数

【答案】C

【解析】对于一个类,如果没有定义任何构造函数,则系统才能自动生成一个空的缺省构造函数。而用户只要定义了任意构造函数,不管它是否是缺省构造函数,系统都不会再自动生成缺省构造函数了。

知识点 9:构造函数和析构函数的调用时机及顺序(重点)

【题目 1】下列程序的输出是_____。

```
class Sample
{   char c;
public:
    ~Sample( ) { cout << c; }
    Sample( ) { c = '1' ; cout << c; }
    Sample(int ch) { c = ch; cout << c; }
    Sample(Sample &s) { c = s.c; }
};
void fun(Sample c) { cout << '2'; }
int main( )
{   Sample *p = new Sample('4') ;
    Sample c1, c2('3');
    fun(c1);
```

```
    delete p;
    return 0;
}
```

【答案】41321431

【解析】按照程序的执行顺序,构造 p 指向的对象(由 new 创建),输出 4;构造 c1,输出 1;构造 c2,输出 3;调用 fun 函数时,构造形参对象 c(它是局部动态对象,调用拷贝构造函数 生成),无输出,fun 函数体中输出 2;fun 函数结束时,撤销形参 c,调用析构函数输出 1;主函 数中语句"delete p;"撤销 p 指向的对象,输出 4;主函数结束时,自动撤销 c2 对象,输出 3; 撤销 c1 对象,输出 1。相关概念:主函数中,构造对象时,按照对象的定义顺序调用构造函 数;撤销对象时,按照定义对象顺序的反序进行。创建 fun 函数的形参对象 c,调用的是拷贝 构造函数;fun 函数结束时,撤销局部动态对象 c,调用析构函数。new 创建对象,自动调用 构造函数,delete 撤销对象,自动调用析构函数。函数中的局部动态对象,撤销时机是函数 结束时,即在函数结束右花括号处。

【题目 2】下列程序的输出是_____。

```
#include <iostream>
using namespace std;
class MyClass {
    int x;
public:
    MyClass(int x = 0):x(x){ }
    ~MyClass(){ cout << x; }
};
int main(){
    MyClass a, b(),c(8), d[2] = {MyClass(7),MyClass()}, &e = a, *p = &a;
    return 0;
}
```

【答案】0780

【解析】本程序创建了四个对象,a、c 和 d 数组的两个元素(d[0]和 d[1]),"MyClass d [2] = {7};"等价于"MyClass d[2] = {MyClass(7),MyClass()};"。析构函数的执行顺序与 构造函数相反,即析构顺序是 d[1]、d[0]、c 和 a。b 是函数声明,b 是函数名,该函数无参 数,返回值是 MyClass 类的对象。e 引用 a,即它是 a 的别名,e 不是新创建的对象,不涉及 对象的创建和撤销,即不会调用构造、析构函数。p 是指针(它指向对象 a),它不是 MyClass 类的对象,所以也不涉及对象的创建和撤销。

【题目 3】下列程序调用拷贝构造函数_____次,程序运行的输出是_____。

```
#include <iostream>
using namespace std;
class MyClass{
public:
    MyClass(int s = 8):size(s){}
```

```
    MyClass(const MyClass&r):size(r.size){ cout << 'c'; }
    ~MyClass(){ cout << size; }
private:
    int size;
};
MyClass fun(MyClass &u){ MyClass t = u; return t; }
int main() { MyClass x, y; x = fun(y); return 0; }
```

【答案】2 次,程序运行输出 cc8888

【解析】调用函数 fun 时,参数的传递是"MyClass &u = y",形参是实参的引用,没有调用拷贝构造函数。被调函数中的"MyClass t = u;"第 1 次调用拷贝构造函数,用 u 初始化新创建的对象 t。被调函数中的语句"return t;"第 2 次调用拷贝构造函数,用 t 初始化"内存临时对象",该临时对象作为函数 fun 的返回值,即一个 MyClass 类的对象。主函数中的"x = fun(y);"是对象赋值,将"内存临时对象"的值赋给 x,赋值不会调用拷贝构造函数,因为没有创建新对象。最后输出的 4 个 8,依次是撤销对象 t、"内存临时对象"、y 和 x 时,分别调用析构函数的输出。

知识点 10:构造函数、析构函数和对象成员

【题目】写出以下程序的输出结果。

```
#include < iostream >
using namespace std;
class A
{
public:
    A(int m = 0, int n = 0){ cout << m << n << ','; }
    ~A(){ cout << "A,"; }
};
class B
{
    A a1, a2, a3;
public:
    B(int i = 6, int j = 8):a2(1),a1(2,2){ cout << i << j << ','; }
    ~B(){ cout <<"B,"; }
};
int main( )
{   B b; return 0; }
```

【答案】22,10,00,68,B,A,A,A,

【解析】一个 B 类对象中包含三个 A 类的对象成员,其初始化必须在构造函数的初始化列表中进行,而且调用顺序一定是按照定义顺序进行,即初始化顺序是 a1、a2 和 a3,若未显式列出对象成员构造函数的调用,如对象成员 a3,则调用默认构造函数。总之,一个类若包含对象成员,则构造函数的调用顺序是,首先按对象成员的定义顺序依次调用构造函数,

然后调用类自身的构造函数。析构函数的调用顺序相反。

知识点 11：利用构造函数进行类型转换

【题目】下列程序的输出结果是_____。

```cpp
#include <iostream>
using namespace std;
class RMB                  //人民币类
{    int yuan, jiao;       //元、角
public:
     RMB(double rmb = 0.0)
     {    yuan = int(rmb);
          jiao = int((rmb - yuan) * 10);
     }
     void print() { cout << yuan << "元" << jiao << "角"; }
     ~RMB(){ cout << 'R'; }
};
int main()
{    RMB m;
     m = 5.9;
     m.print();
     return 0;
}
```

【答案】R5 元 9 角 R

【解析】主函数中的语句"m = 5.9;"，等号左右两边的数据类型不一致，编译器自动采用强制类型转换将等号右边表达式的值转换成与左边类型一致的数据，即"m = RMB(5.9);"，然后赋值，等号右边自动调用构造函数构造一个 RMB 类型的临时量对象赋值给 m，然后撤销该临时对象，程序输出中的第一个 R 就是撤销该临时对象时的输出。调用"m.print();"输出"5 元 9 角"。最后一个 R 是在主函数结束撤销对象 m 时，调用析构函数时的输出。

知识点 12：构造函数和对象数组

【题目】下列程序的输出结果为 012210，请根据注释将横线处的缺失部分补充完整。

```cpp
#include <iostream>
using namespace std;
class Test
{
public:
     Test(int a) { data = a; }
     ~Test() { cout << data; }
     void print() { cout << data; }
private:
```

```
        int data;
    };
    int main( )
    {   Test t[3] = {_____};  //初始化对象数组的三个元素
        for(int i = 0; i<3; i++)
            t[i].print( );
        return 0;
    }
```

【答案】Test(0), Test(1), Test(2)或 0, 1, 2

【解析】对象数组的每个元素都是对象,均需调用构造函数初始化。第一个答案中,Test(i)构造一个 data 值为 i 的对象,初始化 t[i],i=0、1、2。对于第 2 个答案,初始化语句为"Test t[3] = {0, 1, 2};",由于括号中的初值是 int 型的,而数组元素是 Test 型的,相当于这样初始化"Test t[i] = i",自动调用构造函数将等号右边的 i 转换成 Test 型对象用以初始化 t[i],即 Test t[i] = Test(i),参见知识点 11。程序结束时,依次析构 t[2]、t[1]和 t[0]。

知识点 13:类定义中的内联函数和外联函数

【题目】在类体中定义的函数是内联函数。在类体外也可以定义内联函数,方法是在函数头前加关键字_____。

【答案】inline

【解析】在类体外定义的函数默认是外联函数,前面加关键字 inline 后变为内联函数的定义。

知识点 14:this 指针

【题目】下列程序的输出结果是_____。

```
#include < iostream >
using namespace std;
class List
{
public:
    void compare(List L)            //1
    {   if(this == &L)              //2
            cout <<"Same! \ n";
        else
            cout <<"Different!\ n";
    }
};
int main( )
{   List L;                         //3
    L.compare(L);                   //4
```

```
    return 0;
}
```

【答案】Different!

【解析】本题的关键是第4行"L. compare(L);"函数调用中实参L和第1行的形参L不是同一个对象,函数调用时,参数传递"List L＝L",等号右边的L是第3行定义的L,而等号左边的形参L是系统自动创建的compare函数内部的局部动态对象,创建局部对象时调用的是拷贝构造函数,即"List L(L)"。this指针指向调用函数的对象,本题第2行中的this指向第4行调用函数的对象L(即第3行定义的L),第2行"&L"获取的是形参L的地址,形参L与调用compare函数的对象L不是同一个对象,因此地址值不同,输出Different!。

知识点15:成员函数的参数与类内的数据成员同名,区分方法

【题目】请在下列程序中的空格处填写正确的语句。

```
class Sample
{
public:
    Sample( ){ }
    ~ Sample( ){ }
    void SetData( int data )
    {    _____          //将形参 data 赋值给 Sample 类的数据成员 data
    }
private:
    int data;
};
```

【答案】this -> data = data; 或 Sample::data = data;

【解析】可以使用this指针或类名限定的方法指定类内data数据成员。在构造函数中,除了用上述两种方法,还可以在初始化列表中区分同名情况,例子如下,其中 data(data) 前一个 data 是类成员 data,后一个 data 是参数 data。

```
class Sample
{
public:
    Sample(int data): data(data) { }
private:
    int data;
};
```

三、练习题

1. 关于面向对象的封装功能,下列叙述错误的是_____。

A) 通过封装,可将对象的全部属性和操作结合成一个整体

B) 通过封装,一个对象的实现细节被尽可能地隐藏了

C) 通过封装,对象是相对独立的实体

D) 通过封装,对象的属性都将成为不可见的

2. 在结构体中,_____(可以|不可以)定义私有的成员函数。

3. 对于C++结构体(struct)中定义的成员,其隐含的访问权限为_____。

A) public   B) protected   C) private   D) static

4. 有如下两个类定义:

```
class AA{ };
class BB
{   AA v1, * v2;
    BB v3;
    int * v4;
};
```

其中有一个成员变量的定义是错误的,这个变量是_____。

A) v1   B) v2   C) v3   D) v4

5. 以下是"电视机"类的定义,其中两个都有错误的行是_____。

A) ①和②   B) ③和④   C) ⑤和⑥   D) ①和④

```
class TVSet
{   const int size;          //   尺寸
    int channel = 0;         //① 频道
    int volume;              //   音量
    bool on;                 //② 电源开关
public:
    TVSet(int size)          //③
    {
        this - >size(size);  //④
        volume = 15;         //⑤
        on = false;          //⑥
    }
    //... 省略
};
```

6. 类中成员的访问权限有_____、_____和_____,其中默认访问权限是_____。

7. 为了使类中的某个成员不能被类的对象通过成员操作符(即成员访问运算符)访问,则应该把该成员的访问权限定义为_____。

A) public

B) protected

C) private

D) private 或 protected

8. 以下程序片段输出 0011,Area = 1,请完善程序。

```
class CRect    //定义长方形类
{
private:
    int left, top;       //左上角坐标
    int right, bottom;   //右下角坐标
public:
    _____(1)_____;              //设置坐标值,函数原型声明
    void getcoord(int * L, int * T, int &R, int &B)   //获取坐标值
    { ____(2)_____;  }            //可填写多条语句
    void print( )
    {   cout <<"Area = "<< abs(right - left) * abs(bottom - top)<< endl;   }
};
void CRect::setcoord(int L, int T, int R, intB)
{   left = L;   top = T;   right = R;   bottom = B;   }
int main( )
{   CRect r;
    int a, b, c, d;
    r.setcoord(0,0,1,1);
    r.getcoord(&a, &b, c, d);
    cout << a << b << c << d << ',';
    r.print( );
    return 0;
}
```

9. 关于类和对象的描述中,错误的是_____。

A) 类是一种自定义类型,对象是变量

B) 类和对象之间的关系是具体和抽象的关系

C) 类是对具有共同行为的若干对象的统一描述

D) 对象是类的实例,一个对象必须属于一个已知的类

10. 下列关于构造函数的说法中,正确的是_____。

A) 构造函数不能重载　　　　　　　　　B) 构造函数的返回值为 void

C) 构造函数中可以使用 this 指针　　　　D) 用户必须为定义的类提供构造函数

11. 下列关于构造函数的描述中,错误的是_____。

A) 构造函数名与类名相同　　　　　　　B) 构造函数可以有返回值

C) 构造函数可以重载　　　　　　　　　D) 每个类都有构造函数

12. 假定 T 是一个类名,则该类的拷贝构造函数的函数原型是_____。

A) T(const T x)　　　　　　　　　　　B) T(const T * x)

C) T&(const T x)　　　　　　　　　　D) T(const T &x)

13. 执行以下程序的输出是_____。

A) 1　　　　　　　B) 11　　　　　　　C) 111　　　　　　　D) 1111

```
#include < iostream >
using namespace std;
class Test {
public:
    Test( ){ }
    Test(const Test& t) { cout << 1; }
};
Test fun(Test u) { Test t = u;   return t; }
int main( ) { Test x, y = x;   x = fun(y);   return 0; }
```

14. 执行以下程序的输出是_____。

```
#include < iostream >
using namespace std;
class Num
{   int x, y;
public:
    Num( int x1, int y1 = 0 ) { x = x1; y = y1; }
    void set(int x1, int y1 = 0) { x = x1; y = y1; }
    void print()
    {   cout << x;
        if( y != 0 )
            cout <<(y>0 ? '+' : '-')<<(y>0 ? y : -y )<< 'i';
        cout << ", ";
    }
};
int main()
{   Num n(2);
    n.print();
    n.set(1,3);
    n.print();
    Num m(3, -5);
    m.print();
    return 0;
}
```

15. 关于下列程序,选项中描述正确的是_____。

```
#include < iostream >
using namespace std;
class DATA
{
    DATA(int a, int b)              //1
```

```
    {   x = a;
         y = b;
    }
    void show( )
    {   cout << x << y << endl; }    //2
private:
    int x, y;
};
int main( )
{   DATA obj(1,2);                    //3
    obj.show();                       //4
    return 0;
}
```

A) 第 1 行开始的构造函数定义语法有错误

B) 第 2 行中不能直接访问 x 和 y

C) 第 3 行建立 obj 对象时,无法调用构造函数

D) 第 4 行 obj 可以调用 show 函数

16. 下列程序的输出结果是_____。

```
#include < iostream >
using namespace std;
class Sample
{   char ch;
public:
    Sample( ):ch('A') { cout << 1; }
    Sample(char ch): ch(ch) { cout << 2; }
    Sample(Sample &c): ch(c.get()) { cout << 3; }
    char get( ) { return ch; }
};
void show(Sample c)
{    cout << c.get( ); }
int main( )
{   Sample c1;
    show(c1);
    Sample c2('B');
    show(c2);
    return 0;
}
```

17. 以下关于C++析构函数的描述中,错误的是_____。

A) 析构函数名必须以字符~开头   B) 不可定义析构函数的形式参数

C) 析构函数由系统自动调用 D) 可以重载析构函数

18. 以下对类的析构函数的描述中,错误的是_____。

A) 析构函数完成类的初始化

B) 可以通过对象显式调用析构函数

C) 析构函数完成撤销对象的相关处理

D) 若用户没有显式定义析构函数,则系统自动生成一个

19. 调用时不必提供实参的构造函数称为_____构造函数。

20. 有类定义"class MyClass { int k; };",则编译器为该类自动生成_____个构造函数,自动生成_____个析构函数。

21. 在C++中,关于构造、析构函数的自动生成,以下描述错误的是_____。

A) 如果用户没有定义缺省构造函数,则系统自动生成一个空的缺省构造函数

B) 如果用户没有定义析构函数,系统自动生成一个空的缺省析构函数

C) 如果用户没有定义拷贝构造函数,则系统自动生成一个拷贝构造函数

D) 如果用户定义了一个构造函数,不管它是否是缺省构造函数,系统就不会再自动生成缺省构造函数了

22. 有如下程序:

```cpp
#include <iostream>
using namespace std;
class A
{
public:
    A( ) { cout << 1; }
    A(const A&) { cout << 2; }
    ~A( ) { cout << 3; }
};
int main( )
{   A obj1;
    A obj2(obj1);
    return 0;
}
```

运行这个程序的输出结果是_____。

23. 有如下程序:

```cpp
#include <iostream>
using namespace std;
class MyClass
{
public:
    MyClass( ) { cout << 'M'; }
    MyClass(char n) { cout << n; }
```

```
    ~ MyClass( ) { cout << 'Y'; }
};
int main( )
{   MyClass p1, * p2 ;
    p2 = new MyClass ('X');
    delete p2;
    return 0;
}
```

运行这个程序的输出结果是_____。

A) MYX　　　　　　　B) MYMY　　　　　　C) MXY　　　　　　D) MXYY

24. 运行以下程序,输出 $ 的次数是_____。

```
#include < iostream >
using namespace std;
class MyClass {
    int x;
public:
    MyClass(int x = 0) { this ->x = x; }
    ~ MyClass( ){ cout << '$'; }
};
int main( ) {
    MyClass a, b(), c(5),  * d, e[6];
    return 0;
}
```

25. 运行以下程序的输出结果是_____。

```
#include < iostream >
using namespace std;
class Point
{   int x, y;
public:
    Point(int x1 = 0, int y1 = 0): x(x1), y(y1) { }
    int get( ) { return x + y; }
};
class Circle
{   Point center;
    int radius;
public:
    Circle(int cx, int cy, int r): center( cx, cy ),radius(r) { }
    int get( ) { return center.get( ) + radius; }
};
```

```
int main( )
{   Circle c(3,4,5);
    cout << c.get()<< endl;
    return 0;
}
```
A) 5   B) 7   C) 9   D) 12

26. 有类定义如下：

```
class A
{   int x,y;
public:
    A(int m = 0, int n = 0){ x = m; y = n; }
};
class B
{   A a1(1);
    A a2(2,2);
    A a3();
    A a4;
};
```

则以下描述中正确的是_____。

A) A 类的定义有错   B) B 类的定义无错

C) a1 和 a2 的定义均有错   D) a3 和 a4 的定义均有错

27. 已知如下程序：

```
class Complex
{   double Real, Image;
public:
    Complex(double x = 0, double y = 0){ Real = x; Image = y; }
};
int main( )
{   Complex c;
    c = 8.0;          //A
    return 0;
}
```

程序中 A 行右侧 8.0 的数据类型为 double，与左边变量 c 的类型不一致，编译器将本行处理成"c = _____;"，然后进行赋值。

28. 已知类 MyClass 的定义如下：

```
class MyClass
{
public:
    MyClass(int d) { data = d; }
```

```
    ~ MyClass( ) { }
private:
    int data;
};
```

下列对 MyClass 类对象数组的定义和初始化语句中,正确的是_____。

A) MyClass arrays[2];

B) MyClass arrays[2] = { MyClass(5) };

C) MyClass arrays[2] = { MyClass(5), MyClass(6) };

D) MyClass * arrays = new MyClass[2];

29. 下列关于函数的说法中,正确的是_____。

A) C++允许在函数体中定义其他函数

B) 所有的内联函数都要用 inline 说明

C) 仅函数返回类型不同的同名函数不能作为重载函数使用

D) 形参的默认值应从左至右逐个依次给出

30. 下列有关内联函数的叙述中,正确的是_____。

A) 内联函数在调用时发生控制转移

B) 内联函数必须通过关键字 inline 来定义

C) 内联函数是通过编译器来实现的

D) 内联函数函数体的最后一条语句必须是 return 语句

31. 一个学生类的定义如下,请参照注释完成填空。

```
# include < iostream >
# include < cstring >
using namespace std;
class student
{   char name[20];         //姓名
    int score;             //成绩
public:
    student(char * name = 0, int score = 0)
    {
        _____(1)_____      //设置学生姓名为参数 name 的值
        _____(2)_____      //设置学生成绩为参数 score 的值
    }
};
int main( )
{   student stud("Jane", 90); return 0; }
```

32. 下列程序输出的第一行是_____,第二行是_____,第三行是_____,第四行是_____。

```
# include < iostream >
using namespace std;
```

```cpp
class Array
{
public:
    Array( ){ n = 0; }
    Array( const Array &s )
    {    n = s.n;
        for( int i = 0; i<n; i++ )
            a[i] = s.a[i];
    }
    void empty(){ n = 0; }
    bool isEmpty(){ return n == 0; }
    bool isMemberOf( int x );
    bool add( int x);
    void print();
private:
    int a[100], n;
};
bool Array::isMemberOf( int x)
{    for( int i = 0; i<n; i++ )
        if( a[i] == x) return true;
    return false;
}
bool Array::add( int x )
{    if( isMemberOf(x)) return true;
    else if(n == 100) return false;
    else{ a[n++] = x; return true; }
}
void Array::print()
{    cout << '{';
    for( int i = 0;i<n-1;i++ )
        cout << a[i]<< ',';
    if(n>0)
        cout << a[n-1];
    cout << '}' << endl;
}
int main()
{    int i;
    Array b;
    for( int i = 1; i<= 5; i++ )
```

```
        b.add(i * 2);
    b.print();
    cout << b.isMemberOf(6) << endl;
    cout << b.isEmpty() << endl;
    for(i = 3; i <= 10; i++)
        b.add(i);
    Array c(b);
    c.print();
    return 0;
}
```

* 33. Point 是类名,对于下述定义,总共生成的 Point 类的对象个数是_____。

```
Point p1, p2(), p3(2,2), *p4, p5[10], *p6[5], (*p7)[10];
```

第 11 章　类和对象的其他特性

一、本章知识点

1. 静态数据成员的基本概念和初始化
2. 含静态数据成员的对象的存储空间
3. 静态数据成员和成员函数的访问
4. 友元函数、友元类
5. this 指针与静态成员函数和友元函数
* 6. 常对象、常数据成员和常成员函数

二、例题、答案和解析

知识点 1：静态数据成员的基本概念和初始化

【题目 1】以下关于类的静态数据成员的描述中,错误的是_____。

A) 类中定义静态数据成员时要在前面加上修饰符 static

B) 静态数据成员需要在类体外进行初始化

C) 可以通过类名或对象名引用类的静态数据成员

D) 静态数据成员不是所有对象共有的

【答案】D

【解析】静态数据成员属于类(即系统为每个类的静态数据成员仅分配一个空间),不属于对象,但每个对象都可以访问它,因此静态数据成员提供了对象之间交流信息的手段

【题目 2】有如下类定义:

```
class Sample
{
private:
    static int x;
};
_____ x = 8;
```

将类的静态成员 x 初始化为 8,下划线处应填写的内容是_____。

A) int

B) static int

C) int Sample::

D) static int Sample::

【答案】C

【解析】静态数据成员的初始化只能在类体外进行,并且不需要加关键字 static。若不给初值,即在类体外书写语句"int Sample::x;",则数据成员 x 被初始化为 0。

【题目 3】下列关于类的叙述中,错误的是_____。

A) 类是面向对象程序设计的核心

B) 类可以实现对数据的封装和隐藏

C) 类是一种抽象的数据类型

D) 在定义类的一个对象之前,无法访问该类的成员

【答案】D

【解析】对选项 D,类的静态成员属于类,不属于对象,在定义对象之前,可以通过类名限定访问类的公有的静态成员,包括静态数据成员和静态成员函数。

知识点 2:含静态数据成员的对象的存储空间

【题目】下列程序的输出结果是_____。

```cpp
class Sample
{   static int x;
    int y;
    char name[20];
public:
    Sample(int b, char * n){ y = b; strcpy(name, n);}
};
int Sample::x = 0;
int main()
{   Sample s1(10,"wang"), s2(20,"li");
    cout << sizeof(s1)<< sizeof(s2)<< endl;
    return 0;
}
```

【答案】2424

【解析】静态数据成员和静态成员函数属于类,是所属类的所有对象共享的。main 函数中,系统在创建 s1 和 s2 对象时,给它们分别分配 y 成员和 name 成员的存储空间,所以每个对象的存储空间都是 24 个字节;而系统为 Sample 类分配一个独立的 4 个字节空间用于存储 x,所有 Sample 类对象共享 x。

知识点 3:静态数据成员和成员函数的访问

【题目 1】下列程序的输出结果是_____。

```cpp
class A
{
public:
    A( ) { cnt++ ; }
    ~A( ) { cnt-- ; }
    static int Count( ) { return cnt; }
private:
    static int cnt;
};
int A::cnt = 8;
```

```
int main( )
{   cout << A::Count( ) << ',';
    A t1, t2;
    A *p = new A;
    cout << p->Count( ) << ',';
    delete p;
    cout << t1.Count( ) << endl;
    return 0;
}
```

【答案】8,11,10

【解析】静态成员被所有同类对象共享,如本例中的 cnt 和 Count()被 t1、t2 和 p 指向的动态对象共享。在类外,可以通过类名、对象名和指针直接访问类的公有静态成员,但不可以访问私有的静态成员。如 A::Count( )、p->Count( )和 t1.Count( )均合法,而 A::cnt、t1.cnt 和 p->cnt 均非法。注意:无论何种访问方式,成员 cnt 和 Count()均属于类,而不属于对象。不要认为可以通过对象访问一个成员(如 t1.Count( )),就认为这个成员是属于对象的。

【题目 2】为了使类中的某个成员只能被该类的成员函数访问,应将该成员的访问权限定义为

A) public   B) static   C) private   D) protected

【答案】C

【解析】public 成员可以被类的成员函数或对象访问,也可以被派生类成员函数访问;公有的 static 成员可以通过类名限定访问或通过成员函数或通过本类对象访问;protected 成员可以被本类的成员函数访问或被派生类的成员函数访问;只有 private 成员满足题目所描述的情况。

【题目 3】对下述程序中标定语句号的行,有错的行是_____。

```
class A
{   int a;
    static int b;
public:
    A( ) { a = 0; }
    static void f1( )
    {   cout << a;      //1
        cout << b;      //2
    }
    void f2( )
    {   cout << a;      //3
        cout << b;      //4
    }
};
```

```
int A::b = 0;
int main( )
{   A obj;
    obj.f1( );          //5
    obj.f2( );          //6
    return 0;
}
```

【答案】1 行

【解析】静态成员函数中只能直接访问静态数据成员,一般成员函数中可以访问静态成员也可以访问非静态成员。f1 是静态成员函数,在其中直接访问了非静态数据成员 a,所以错误。

知识点 4:友元函数、友元类

【题目】关于友元,下列说法错误的是_____。

A) 如果类 A 是类 B 的友元,那么类 B 也是类 A 的友元。

B) 如果函数 fun( )被说明为类 A 的友元,那么在 fun( )中可以直接访问类 A 的私有成员。

C) 友元关系不能被继承。

D) 如果类 A 是类 B 的友元,那么类 A 的所有成员函数都是类 B 的友元函数。

【答案】A

【解析】A 选项错误,因为友元函数的声明不具有互逆性。相关知识:有三种类型的友元:① 普通函数可以作为类的友元。② 一个类中的成员函数可以作为另一个类的友元。③ 一个类可以作为另一个类的友元(此时称为友元类),如本例 D 选项。注意:定义友元函数和友元类的目的是提高程序执行的效率,但破坏了类的封装性(即信息隐蔽性),因此要慎用友元。

知识点 5:this 指针与静态成员函数和友元函数

【题目 1】下列关于 this 指针的叙述中,正确的是_____。

A) 任何与类相关的函数都有 this 指针　　B) 类的成员函数都有 this 指针

C) 类的友元函数都有 this 指针　　　　　　D) 类的非静态成员函数才有 this 指针

【答案】D

【解析】对于 A 选项,类的静态成员函数和友元函数均无 this 指针。对于 B 选项,类的静态成员函数没有 this 指针,因为静态成员是属于类的,不是属于一个具体对象的。对于 C 选项,友元函数不是类的成员函数,所以没有 this 指针。

【题目 2】有如下程序:

```
int f1( );
static int f2( );
class A
{
public:
```

```
int f3( );
static int f4( );
};
```

在所描述的函数中,具有隐含的 this 指针的是_____。

A) f1   B) f2   C) f3   D) f4

【答案】C

【解析】f1 和 f2 函数是独立的普通函数,与类没有关系。f2 函数前的 static,其意义为函数 f2 局限在本源程序文件中使用。f4 函数是类的静态成员函数,它不含 this 指针,因为静态成员属于类,不属于对象。

＊知识点 6:常对象、常数据成员和常成员函数

＊【题目 1】有如下程序:

```
class A
{   int n;
public:
    A(int k):n(k){ }
    int get( ){ return n; }
    int get( ) const{ return n + 1; }
};
int main( )
{   A a(5);
    const A b(6);
    cout << a.get( )<< b.get( );
    return 0;
}
```

程序执行后的输出结果是_____。

A) 55   B) 57   C) 75   D) 77

【答案】B

【解析】C++规定 const 也作为重载函数的区分标志,因此类中的两个 get()函数为重载函数,第 2 个 get()函数是常成员函数。另外,C++规定,常对象调用常成员函数,普通对象调用普通成员函数,因为 b 是常对象,所以 b.get()调用的是常成员函数,而 a 是普通对象,所以 a.get()调用的是第一个普通成员函数。

＊【题目 2】有如下类定义:

```
class Test
{   int a;
    static int b;
    const int c;
public:
    Test( ){ a = 0; c = 0; }              //①
    int f(int a) const { this -> a = a; } //②
```

```
    static int g( ){return a;}                    //③
    void h(int b){Test::b = b;};                  //④
};
int Test::b = 0;
```

在标注号码的行中,能被正确编译的是_____。

A) ①   B) ②   C) ③   D) ④

【答案】D

【解析】类中常数据成员的初始化,只能在构造函数的成员初始化列表中进行,不能直接使用赋值语句赋值。第①行中的常数据成员 c 的在构造函数的函数体中被赋值,是错误的,正确的构造函数的定义应该是"Test( ):c(0){a = 0;}"。常成员函数只能获取、不能修改数据成员的值,而第②行修改了数据成员的值,所以错误。静态成员函数只能直接访问静态数据成员,不能访问其他成员,第③行静态成员函数访问了非静态成员 a,所以错误。一般成员函数既可以访问非静态数据成员,也可以访问静态数据成员,第④行一般成员函数访问静态数据成员,是正确的。

*【题目 3】有如下类定义:

```
class A
{   int a;
public:
    int getRef( ) const { return &a; }           //①
    int getValue( ) const { return a; }           //②
    void set(int n) const { a = n; }              //③
    friend void show( ) const { cout << a; }      //④
};
```

其中的四个函数定义中正确的是_____。

A) ①   B) ②   C) ③   D) ④

【答案】B

【解析】选项 A,返回值类型与 return 语句中的返回值类型不一致,return 语句返回的是指针(地址),而函数原型指明返回 int 型量。选项 B,常成员函数不能修改数据成员的值,但可以获取数据成员的值,所以正确。选项 C,在常成员函数中试图修改数据成员的值,错误。选项 D 中,show 是友元函数、是非成员函数,在非成员函数中直接访问的类的数据成员是错误的,同时关键字 const 也不能应用在非成员函数上。

*【题目 4】在类 A 中有一个常成员函数,已知其在类中的声明为 void fun( ) const;,则该函数在类外的实现中正确的是_____。(备注:省略函数体中具体的语句)

A) void A::fun( ) {…}   B) const void A::fun( ) {…}

C) void const A::fun( ) {…}   D) void A::fun( ) const {…}

【答案】D

【解析】标识常成员函数的关键字 const,也是重载函数的标志,在常成员函数的声明和定义时都要加 const。

三、练习题

1. 为了使类中的某个成员能够被类对象共享,应该将该类成员定义为_____。

A) 常成员   B) 静态成员

C) 公有成员   D) 保护成员

2. 下列程序的输出结果是_____。

```cpp
class Sample
{
private:
    static int x;
public:
    void increase(){ x++; }
    void show(){ cout << x << endl; }
};
int Sample::x;
int main()
{   Sample s1, s2, s3;
    s1. increase();
    s2. increase();
    s3. show();
    return 0;
}
```

3. 类和变量的定义如下,则 sizeof(stud) 的值为_____。

```cpp
class Student
{   char name[20];
    char * pnum;
    int age;
    static int score;
public:
    Student(){}
} stud;
```

4. 有如下类和对象的定义:

```cpp
class A
{
public:
    static double getPI( ) { return 3.1416; }
} a;
```

下列各组语句中,能输出 3.1416 的是_____。

A) cout << a -> getPI( );和 cout << A::getPI( );

B) cout << a. getPI( );和 cout << A. getPI( );

C) cout << a − >getPI( );和 cout << A − >getPI( );

D) cout << a. getPI( );和 cout << A::getPI( );

5. 关于静态成员,以下描述中错误的是_____。

A) 类外初始化静态数据成员,不需要加 static

B) 类外初始化静态数据成员,若不给初值,则初始化为 0

C) 通过对象或类名,在类外均可以访问公有的静态成员

D) 通过对象或类名,在类外均可以访问私有的和公有的静态成员

6. 下述程序中,含有错误的行是_____。

A) 1 行　　　　　　B) 2 行　　　　　　C) 3 行　　　　　　D) 4 行

```cpp
#include <iostream>
using namespace std;
class A
{   int a;
    static int b;
public:
    A( ) { a = 0; }
    int fun1( )
    {   return a + b;   }        //1
    static int fun2( )
    { return a − b;   }          //2
};
int A::b = 8;
int main( )
{   A obj;
    obj.fun1( );                 //3
    obj.fun2( );                 //4
    return 0;
}
```

7. 运行这个程序段的输出是_____。

A) 1234　　　　　　B) 1233　　　　　　C) 1122　　　　　　D) 1223

```cpp
class Test
{   static int num;
public:
    void print(int num)
    {   cout << ++num;
        cout << ++this − >num;
    }
};
```

```
int Test::num;
int main( )
{    Test t1,t2;
     t1.print(0);
     t2.print(1);
     return 0;
}
```

8. C++中,this 指针_____。

A) 必须显式声明　　　　　　　　　　B) 创建对象后,将指向该对象

C) 属于某个成员函数　　　　　　　　D) 可以被静态成员函数使用

9. 以下程序的输出结果是_____。

```
♯ include < iostream >
using namespace std;
int z;
class A
{    int x;
     static int y;
public:
     A() { x = 0;   z = 0; }
     void seta() { x++ ; }
     void setb() { y++ ; }
     void setc() { z++ ; }
     void display() { cout << x <<","<< y <<","<< z <<"    "; }
};
int A::y = 0;
int main()
{
     A a1,a2;
     a1.seta();
     a1.setb();
     a1.setc();
     a1.display();
     a2.seta();
     a2.setb();
     a2.setc();
     a2.display();
     return 0;
}
```

10. 将一个函数声明为一个类的友元函数必须使用关键字_____。

非成员函数应声明为类的_____函数才能直接访问这个类的 private 成员。

11. 对下列程序,选项中叙述正确的是_____。

A) 程序编译运行正确　　　　　　　　B) 程序编译时语句①出错
C) 程序编译时语句②出错　　　　　　D) 程序编译时语句③出错

```cpp
#include <iostream>
#include <cmath>
using namespace std;
class Point
{   int x, y;
public:
    friend double distance(const Point &p);         //计算 p 距原点的距离
    Point(int x = 0, int y = 0): x(x), y(y){ }       //①
};
double distance(const Point &p)                      //②
{   return sqrt(double(p.x * p.x + p.y * p.y));   }
int main( )
{   Point p1(3, 4);
    cout << distance(p1);                            //③
    return 0;
}
```

12. 下列关于友元函数和静态成员函数的叙述中,错误的是_____。

A) 静态成员函数在类体中说明时加 static,在类外定义时不能加 static
B) 静态成员函数带 this 指针
C) 友元函数在类体中说明时加 friend,在类外定义函数时不能加 friend
D) 友元函数不带 this 指针

13. 以下选项中,没有 this 指针的函数是_____。

A) 内联成员函数　　B) 构造函数　　　C) 静态成员函数　　D) 析构函数

14. 已知在函数 fun 中语句"this -> x = 0;"与语句"x = 0;"的效果完全相同。对于这一现象,下列叙述中错误的是_____。

A) x 是某个类的数据成员,fun 是该类的友元函数
B) x 是某个类的数据成员,fun 是该类的成员函数
C) this -> x 和 x 是同一个变量
D) fun 不是一个静态成员函数

15. 以下程序的输出结果是_____。

A) 154　　　　　　　B) 16　　　　　　　C) 34　　　　　　　D) 120

```cpp
#include <iostream>
using namespace std;
class Sample {
    friend long fun(Sample s);
```

```
public:
    Sample(long a) { x = a; }
private:
    long x;
};
long fun(Sample s) {
    if(s.x<2) return 1;
    return s.x * fun(Sample(s.x - 1));
}
int main() {
    int sum = 0;
    for(int i = 0; i<6; i++) { sum + = fun(Sample(i)); }
    cout << sum;
    return 0;
}
```

16. 有如下类定义：

```
class Bag{
public:
    Bag(int s);              //①
    ~Bag();                  //②
    int GetSize();           //③
    friend int GetCount(Bag&);   //④
private:
    int size;
    static int count;
};
```

在标注号码的 4 个函数中，不具有隐含 this 指针的是_____。

A) ①   B) ②   C) ③   D) ④

*17. 在C++的类中定义常成员时，必须使用关键字_____。

*18. 以下描述中正确的是_____。

A) 通过常对象只能调用它的常成员函数

B) 通过常对象只能调用静态成员函数

C) 常对象的成员都是常成员

D) 通过常对象可以调用任何不改变对象值的成员函数

*19. 有如下程序：

```
# include < iostream >
using namespace std;
class MyClass
{   int val;
```

```cpp
public:
    MyClass(int x) : val(x){ }
    void Set(int x) { val = x; }
    void Print( ) const { cout <<"val = "<< val << '\t'; }
};
int main()
{   const MyClass obj1(10);
    MyClass obj2(20);
    obj1.Print();        //语句 1
    obj2.Print();        //语句 2
    obj1.Set(20);        //语句 3
    obj2.Set(30);        //语句 4
    return 0;
}
```

其主函数中错误的语句是_____。

A) 语句 1   B) 语句 2   C) 语句 3   D) 语句 4

*20.

```cpp
class Point
{   int x, y;
public:
    Point(int a = 0, int b = 0) { x = a; y = b; }
    void Move(int xOff, int yOff) { x + = xOff; y + = yOff; }
    void Print( ) const { cout << '(' << x << ',' << y << ')' << endl; }
};
```

下列语句中会发生编译错误的是_____。

A) Point pt; pt.Print( );   B) const Point pt; pt.Print( );

C) Point pt; pt.Move(1, 2);   D) const Point pt; pt.Move(1, 2);

*21. 已知类 Sample 的定义如下:

```cpp
class Sample
{   static int d1;
    const int d2;
public:
    Sample( )
    {   d1 = 0;              //①
        d2 = 0;              //②
    }
    static void fun1( )
    {   cout << d2;  }       //③
    void fun2( ) const
```

```
    {  cout << d1; }              //④
};
int Sample::d1 = 0;
```

下列均有错误的语句是的是_____。

A) ①②   B) ①③   C) ②③   D) ②④

*22. 有如下类定义

```
class Test
{   char a;
    const char b;
public:
    Test(char c) { a = c; b = c; }             //①
    void f1(char a) const { this -> a = a; }   //②
    void f2(char b) { this ->b = b; }          //③
    char f3( ) const { return a; }             //④
};
```

编译正确的行是_____。

A) ①   B) ②   C) ③   D) ④

*23. 已知函数 show( ) 没有返回值,如果在类中将其声明为常成员函数,正确的是_____。

A) void show( )const;   B) const void show( );

C) void const show( );   D) void show(const);

第 12 章　继承和派生

一、本章知识点

1. 继承的基本概念
2. 继承时访问属性的变化
3. 默认继承方式
4. private 成员和 protected 成员的区别
5. 基类和派生类的构造函数和析构函数的执行
6. 基类、对象成员构造函数调用的语法结构
7. 基类、对象成员构造函数和析构函数的执行顺序
8. 二义性和支配规则
9. 赋值兼容
10. 虚基类及虚基类构造函数的调用
11. 访问基类成员和访问对象成员的成员

二、例题、答案和解析

知识点 1:继承的基本概念

【题目 1】下列关于基类和派生类关系的叙述中,正确的是_____。

A) 每个类最多只能有一个直接基类

B) 派生类的成员函数可以直接访问基类的任何成员

C) 基类的构造函数必须在派生类的构造函数体中调用,才能完成对基类成员的初始化

D) 派生类除了继承基类的成员,还可以定义新的成员

【答案】D

【解析】对于选项 A,派生类如果有一个直接基类,则是单一继承;派生类如果有多个直接基类,则是多重继承。对于选项 B,在派生的成员函数中,不可以直接访问基类的私有成员,但是可以通过基类的公有成员函数接口间接访问基类的私有成员。对于选项 C,基类的构造函数必须在派生类构造函数的成员初始化列表中调用,才能完成对基类成员的初始化;如果在派生类的类体中调用基类的构造函数,达不到初始化基类成员的目的,只是构造了一个基类的临时对象,例子见本章知识点 5 题目 3。

【题目 2】下列有关类继承的叙述中,错误的是_____。

A) 继承可以实现软件复用

B) 虚基类可以解决由多继承产生的二义性问题

C) 派生类构造函数要负责调用基类的构造函数

D) 派生类没有继承基类的私有成员

【答案】D

【解析】对 D 选项，派生类的确继承了基类的私有成员，但是在派生类中无法直接访问，可以通过基类的公有函数接口间接访问基类的私有成员。对 A 选项，继承是在已有类基础上定义新类的方法，它把基类的成员自动"变为"派生类的成员，派生类可以使用它们，而不需要重新编写程序，即实现了软件重用（即软件复用）。对于 B 选项，解决二义性有两种方法，第一种是通过类名限定，第二种是虚基类。对于 C 选项，执行派生类构造函数之前，一定先执行基类的构造函数，派生类的成员初始化列表中要列出对基类构造函数的调用，如果没有列出，则调用基类的默认构造函数。

知识点 2：继承时访问属性的变化

【题目 1】下列说法中错误的是_____。

A) 公有继承时基类中的 public 成员在派生类中仍是 public 成员

B) 私有继承时基类中的 protected 成员在派生类中仍是 protected 成员

C) 私有继承时基类中的 public 成员在派生类中是 private 成员

D) 保护继承时基类中的 public 成员在派生类中是 protected 成员

【答案】B

【解析】无论何种继承，基类的私有成员在派生类中无法直接访问。公有继承时，基类的公有和保护成员在派生类中保持其原有权限；私有继承时，基类的公有和保护成员在派生类中全部变为私有的；保护继承时，基类的公有和保护成员在派生类中全部变为保护的。

【题目 2】下列关于派生类和基类的描述中，正确的是_____。

A) 派生类成员函数只能直接访问基类的公有成员

B) 派生类成员函数只能直接访问基类的公有和保护成员

C) 派生类成员函数可以直接访问基类的所有成员

D) 派生类对基类的默认继承方式是公有继承

【答案】B

【解析】在派生类中可以直接访问基类的公有的和保护的成员，不能直接访问基类的私有成员（但可以通过基类的公有成员函数间接访问基类中的私有成员）。对于选项 D，在定义派生类时，若不指定继承方式，默认的继承方式是私有的。

知识点 3：默认继承方式

【题目】下列代码段声明了 3 个类

```
class Base { /* 类体略 * /};
class Derived1: public Base { /* 类体略 * /};
class Derived2: Derived1 { /* 类体略 * /};
```

下列关于这些类之间关系的描述中，错误的是_____。

A) 类 Base 是类 Derived2 的基类

B) 类 Derived2 从类 Derived1 公有继承

C) 类 Derived1 是类 Base 的派生类

D) 类 Derived2 是类 Base 的派生类

【答案】B

【解析】选项 B,类的默认继承方式是私有的,而不是公有的。对其他选项,注意基类有直接基类和间接基类,派生类也有直接派生类和间接派生类。Base 是 Derived1 的直接基类,同时 Base 是 Derived2 的间接基类。

知识点 4:private 成员和 protected 成员的区别

【题目 1】

```
#include < iostream >
using namespace std;
class Base
{
    _____ :
    int x;
};
class Derived: public Base
{
public:
    int fun( ) { x = 3; } //无编译错误
};
int main()
{   Base b;
    Derived d;
    cout << b.x << endl;    //有编译错
    cout << d.x << endl;    //有编译错
    return 0;
}
```

上述程序编译时,在有注释的行分别有编译错和无编译错误,则数据成员 x 的访问属性是_____。

A) private 　　　　　B) static 　　　　　C) public 　　　　　D) protected

【答案】D

【解析】无论何种继承方式,基类的保护成员在派生类内部都是可以直接访问的,因此,保护成员既可以保障基类数据成员的数据隐蔽性(即在类外不可以直接访问),又可以保持其在派生类中的数据隐蔽性,同时也提供了该数据成员在派生类中直接访问的便捷性。而私有成员仅提供一个独立类的数据隐蔽性,即基类的私有数据成员在派生类中总是无法直接访问的。所以在有继承的情况下,通常将基类的数据成员定义为保护的。

【题目 2】有如下程序:

```
#include < iostream >
using namespace std;
class Base
{
public:
```

```
        int x, y;
    };
    class Derived1: _____ Base { };
    class Derived2: public Derived1
    {
    public:
        void Set(int m, int n) { x = m; y = n; }
        int GetSum( ) { return(x + y); }
    };
    int main( ) {
        Derived2 obj;
        obj.Set(3, 4);
        cout <<"sum = "<< obj.x + obj.y << endl;  //有语法错误
        return 0;
    }
```

上述程序编译时仅一条语句有错，请给出下划线处应填写的关键字。

【答案】protected

【解析】如果填写继承方式 public，则上述语句不会出错，因为在公有继承链中，基类的公有成员在派生类中仍然是公有成员，可以通过派生类对象直接访问。如果填写继承方式 private，则 Base 类中的公有成员 x 和 y 在派生类 Derived1 中变为私有成员，继续公有派生，在派生类 Derived2 的类内无法直接访问，因此 Derived2 中 Set( ) 和 GetSum( ) 中直接访问 x 和 y 会出错。如果填写继承方式 protected，则 Base 类中的 x 和 y 在派生类 Derived1 中是保护成员，进一步在派生类 Derived2 中仍然是保护成员，在类内可以直接访问（即 Set( ) 和 GetSum( )不出错），而类外不可以直接访问（语句 cout <<"sum = "<< obj.x + obj.y << endl;有语法错），所以应填写 protected。

知识点 5：基类和派生类的构造函数和析构函数的执行

【题目 1】下列程序的输出是_____。

```
# include < iostream >
using namespace std;
class Point                 //定义"点"类
{
protected:
    int x, y;  //点坐标
public:
    Point(int x1 = 0, int y1 = 0)                        //1
    { x = x1; y = y1; cout << x << y << ','; }
    Point( const Point &p)                              //2
    { x = p.x; y = p.y; cout << x << y << ','; }
};
```

```
class Circle: public Point  //定义"圆"类, 公有继承 Point
{
protected:
    int r;    //半径
public:
    Circle(int x1 = 0, int y1 = 0, int r1 = 0)          //3
    { x = x1; y = y1; r = r1; cout << x << y << r << ','; }
    Circle(const Circle &c)                              //4
    { x = c.x; y = c.y; r = c.r; cout << x << y << r << ','; }
};
int main( )
{   Circle c1(1,1,2), c2(c1);}
```

【答案】00,112,00,112,

【解析】创建派生类对象时,一定先执行基类的构造函数,再执行派生类的构造函数。主函数创建 c1 对象时,在执行第 3 行开始的构造函数之前,必须调用基类构造函数,但第 3 行的成员初始化列表中没有列举对基类构造函数的调用,此时C++规定,调用基类的默认构造函数,即调用第 1 行的构造函数,输出"00,",接着执行第 3 行开始的构造函数体,输出"112,"。同理,创建 c2 对象时,在调用第 4 行拷贝构造函数之前,先调用第 1 行的基类的默认构造函数,然后再执行第 4 行开始的构造函数体。

【题目 2】欲使下列程序输出"Point:(1,1), Radius: 6",请填空。

```
class Point            //定义"点"类
{
protected:
    int x, y;          //点坐标
public:
    Point(int x1 = 0, int y1 = 0){ x = x1; y = y1; }          //1
    Point(const Point &p){ x = p.x; y = p.y; }                //2
};
class Circle: public Point  //定义"圆"类, 公有继承 Point
{
protected:
    int r;    //半径
public:
    Circle(int x = 0, int y = 0, int r = 0): _____(1)_____    //3
    {   this->r = r;   }
    Circle(const Circle &c): _____(2)_____                    //4
    {   r = c.r;   }
    void show( )
    {   cout <<"Point:("<< x << ',' << y <<"), Radius: "<< r << endl; }
```

```
};
int main( )
{   Circle c1(1,1,6),c2(c1);
    c2. show();
}
```

【答案】(1) Point(x, y) (2) Point(c)或 Point(c. x, c. y)

【解析】一般的,基类成员的初始化应该在基类构造函数中完成,所以第 3 行和第 4 行的成员初始化列表中均列举了对基类构造函数的调用。特别地,第 4 行可以调用第 1 行或第 2 行的构造函数,当调用第 2 行构造函数时,参数传递为"const Point &p = c",其意义参见本章知识点 9 赋值兼容规则,p 引用 c 的 Point 部分。

【题目 3】下列程序的输出是_____。

```
class Point            //定义"点"类
{
protected:
    int x, y;           //点坐标
public:
    Point(int x1 = 0, int y1 = 0){ x = x1; y = y1; }
    Point(const Point &p){ x = p. x; y = p. y; }
    ~ Point() { cout << x << y << ','; }
};
class Circle: public Point  //定义"圆"类, 公有继承 Point
{
protected:
    int r;      //半径
public:
    Circle(int x = 0, int y = 0, int r = 0): Point(x, y)
    {   this->r = r;
        Point(8,8);                                      //1
    }
    Circle(const Circle &c): Point(c. x + 1, c. y + 1)
    {   r = c. r+1;
        Point(9,9);                                      //2
    }
    ~ Circle() { cout << x << y << r << ','; }
};
int main( )
{   Circle c1(1,1,6),c2(c1);   }
```

【答案】88,99,227,22,116,11,

【解析】本题程序框架和上题一样。注意第 1 行的"Point(8,8);"和第 2 行的"Point

(9,9);"并不是调用基类构造函数对基类数据成员进行初始化,而仅仅是创建了 Point 类的临时对象,临时对象撤销时输出"88,99,"。主函数结束时,先撤销 c2,再撤销 c1,派生类的析构函数先执行,基类析构函数后执行,所以有后续输出。

知识点 6:基类、对象成员构造函数调用的语法结构

【题目 1】生成派生类对象时,派生类构造函数调用基类构造函数的条件是_____。

A) 无需任何条件

B) 基类中显式定义了构造函数

C) 派生类中显式定义了构造函数

D) 派生类构造函数明确调用了基类构造函数

【答案】A

【解析】无论是否编写构造函数,在创建对象时,对象自身、对象的数据成员以及其基类的构造函数都是必须自动调用的。如果没有显式编写构造函数,则调用的是系统自动生成的默认构造函数。

【题目 2】有如下类声明:

```
class A
{    int x;
public:
     A(int n){ x = n;}
};
class B: public A
{    A y;
public:
     B(int a, int b);
};
```

在类体外定义构造函数 B,下列选项中正确的是_____。

A) B::B(int a, int b): x(a), y(b){ }

B) B::B(int a, int b): A(a), y(b){ }

C) B::B(int a, int b): x(a), B(b){ }

D) B::B(int a, int b): A(a), B(b){ }

【答案】B

【解析】基类构造函数的调用、对象成员构造函数的调用,均是在派生类构造函数的成员初始化列表中进行的。基类通过类名调用,对象成员直接初始化成员名。

知识点 7:基类、对象成员构造函数和析构函数的执行顺序

【题目 1】建立一个含有对象成员的派生类对象时,各构造函数的执行次序为_____。

A) 派生类、对象成员类、基类   B) 对象成员类、基类、派生类

C) 基类、对象成员类、派生类   D) 基类、派生类、对象成员类

【答案】C

【解析】一个派生类如果有多个基类,则依次按继承顺序执行基类的构造函数。如果有

多个对象成员,则按照对象成员的定义顺序执行构造函数。这些构造函数的执行顺序正如 C 选项所述。析构函数的执行顺序与构造函数相反。

【题目 2】
```cpp
#include <iostream>
using namespace std;
class A
{
public:
    A( ) { cout << '0'; }
    ~A( ) { cout << '1'; }
};
class B: public A
{
public:
    B( ) { cout << '2'; }
    ~B( ) { cout << '3'; }
};
int main( )
{    B b; return 0; }
```
运行这个程序的输出是_____。

A) 32　　　　　　　B) 23　　　　　　　C) 2013　　　　　　D) 0231

【答案】D

【解析】虽然 B 类的构造函数没有显式调用基类构造函数,此时系统自动调用基类 A 类的缺省构造函数。析构函数的调用顺序与构造函数相反。

知识点 8:二义性和支配规则

【题目】以下描述中,错误的是_____。

A) 一个派生类的两个基类分别具有成员 x,则在派生类中有两个 x,出现访问二义性

B) 解决二义性的方法是,在派生类访问该同名成员时,前面加基类类名限定

C) 解决二义性的方法只有选项 B 中所述的类名限定法

D) 基类和派生类出现同名成员,派生类中直接访问的同名成员是派生类自身的,称为支配规则

【答案】C

【解析】多个基类若有同名成员,在派生类中用类名限定法是解决访问二义性的方法之一;另外,将基类定义为虚基类,让虚基类的成员在派生类中仅出现一次,避免产生二义性,是另一种解决二义性的方法。对于 D 选项,派生类中直接访问的同名成员是派生类自身的,如果欲访问基类同名成员,可使用类名限定法。

知识点 9:赋值兼容

【题目】下列关于赋值兼容规则的叙述中,错误的是_____。

A) 派生类的对象可以赋值给基类的对象

B) 基类的对象可以赋值给派生类的对象

C) 派生类的对象可以初始化其基类的引用

D) 可以将派生类对象的地址赋值给其基类的指针变量

【答案】B

【解析】赋值兼容就是指选项 ACD 所述内容,即只能将派生类的(包括对象、指针和引用)赋给基类的对应项。

知识点 10:虚基类及虚基类构造函数的调用

【题目 1】一个类可以同时继承多个类,称为多继承。下列关于多继承和虚基类的叙述中,错误的是_____。

A) 每个派生类的构造函数都要为虚基类构造函数提供实参

B) 多继承时有可能出现对基类成员访问的二义性问题

C) 使用虚基类可以解决二义性问题并实现运行时的多态性

D) 建立派生类对象时,虚基类的构造函数会首先被调用

【答案】C

【解析】对选项 A,潜台词是,从语法的角度,派生类必须调用基类构造函数,若派生类没有显式提供实参,则虚基类构造函数会使用函数参数的默认值。对选项 C,前半句正确后半句错误,运行时的多态是通过"虚函数"实现的,不是通过"虚基类"实现的。对选项 D,若有多个基类,建立派生类对象时,首先按继承顺序调用虚基类的构造函数,然后按继承顺序调用一般基类的构造函数。

【题目 2】有如下程序:

```cpp
#include <iostream>
using namespace std;
class Base
{   int b;
public:
    Base(int i) { b = i; }
    void disp( ) { cout <<"Base:b = "<< b <<' '; }
};
class Base1: virtual public Base
{
public:
    Base1(int i): Base(i) { }
};
class Base2: virtual public Base
{
public:
    Base2(int i): Base(i) { }
};
```

```
class Derived: public Base2, public Base1
{    int d;
public:
    Derived(int i, int j): Base1(j), Base2(j), _____ { d = i; }
    void disp( ) { cout <<"Derived:d = "<< d <<' '; }
};
int main( )
{    Derived obj(1,2);
    obj.disp( );
    obj.Base::disp( );
    obj.Base1::disp( );
    obj.Base2::disp( );
    return 0;
}
```

请将程序补充完整,使程序在运行时输出:

Derived: d = 1 Base: b = 2 Base: b = 2 Base: b = 2

【答案】Base(j)

【解析】虽然在派生类 Derived 的构造函数的成员初始化列表中的 Base1(j), Base2(j) 向它们的基类传递的参数值都是 2,但系统约定,若 Base1 和 Base2 均将 Base 作为虚基类, 此时在定义 Derived 类对象时,Base1 和 Base2 两者都不会调用虚基类的构造函数,而只能 在 Derived 的构造函数的成员初始化列表中直接调用虚基类的构造函数。本程序如果在填 空处没有显式调用基类 Base 的构造函数,则系统约定调用虚基类的缺省构造函数,而虚基 类 Base 没有缺省构造函数,此时编译报错。另外,Base1 和 Base2 本身都没有定义 disp( ) 函数,主函数中 obj.Base1::disp( )和 obj.Base2::disp( )调用的均是从虚基类继承到 Base1 和 Base2 中的 disp( )函数。

知识点 11:访问基类成员和访问对象成员的成员

【题目 1】下例用继承方式实现平面坐标体系下的线段类 Line,一条线段由两个端点 Point 构成。

```
#include < iostream >
using namespace std;
class Point
{
protected:
    int x, y;        //定义第 1 个端点
public:
    Point(int a = 0, int b = 0){ x = a; y = b; }
    void Show( )
    {   cout << x << ',' << y << endl;   }
};
```

```
class Line : public Point
{
protected :
    int x1, y1;        //定义第 2 个端点
public:
    Line(int a, int b, int c, int d) : Point(a, b)
    { x1 = c; y1 = d; }
    void Show( )
    {
        ____(1)____;              //输出第 1 个端点坐标
        ____(2)____;              //输出第 2 个端点坐标
    }
};
int main( )
{   Line line(0, 0, 1, 1);
    line. Show( );
    return 0;
}
```

程序运行时输出：

0,0

1,1

请填空。

【答案】(1) cout << x << ',' << y << endl;或 Point::Show( );

　　　　(2) cout << x1 << ',' << y1 << endl;

【解析】本题说明如何访问基类成员。第 1 空有两个答案：第 1 个端点的坐标 x 和 y 是基类的保护成员，公有继承后，在派生类中仍然是保护成员，类内可以直接访问，所以可以用语句"cout << x << ',' << y << endl;"输出第 1 个端点坐标；基类的 Show( )函数是公有的，在派生类中可以直接访问，但派生类有一个同名的 Show( )函数，根据支配规则，加基类类名限定访问的是基类 Show( )函数，所以语句"Point::Show( );"输出第 1 个端点坐标。

【题目 2】下例用对象成员实现平面坐标体系下的线段类 Line，一条线段由两个端点 Point 构成。程序运行时输出：

0,0

1,1

请填空。

```
# include < iostream >
using namespace std;
class Point
{   int x, y;
public:
```

```
        Point(int a = 0, int b = 0) { x = a; y = b; }
        void Show( )
        {   cout << x << ',' << y << endl; }
};
class Line
{   Point p1, p2;
public:
        Line(int x1, int y1, int x2, int y2): p1(x1, y1), p2(x2, y2){ }
        void Show( )
        {   _____(1)_____;           //输出 p1 点坐标
            _____(2)_____;           //输出 p2 点坐标
        }
};
int main( )
{   Line line(0, 0, 1, 1);
        line.Show( );
        return 0;
}
```

【答案】(1) p1.Show() (2) p2.Show()

【解析】本题说明如何访问对象成员的成员。p1 和 p2 是对象成员,只能通过对象名调用其成员函数。

三、练习题

1. 如果一个派生类只有一个直接基类,则该类的继承方式称为____(1)____继承;如果一个派生类同时有多个直接基类,则该类的继承方式称为____(2)____继承。

2. 无论何种继承方式,在派生类内部均不可以直接访问基类的____(1)____成员;无论何种继承方式,在派生类内部均可以直接访问基类的____(2)____成员和____(3)____成员。通过派生类对象,只能直接访问以____(4)____继承方式继承的基类的____(5)____成员。

3. 在下列关键字中,不能用来表示继承方式的是_____。
A) private   B) static   C) public   D) protected

4. 关于友元,下列说法错误的是_____。
A) 如果类 A 是类 B 的友元,那么类 B 不一定是类 A 的友元
B) 类 B 是类 A 的派生类,一个函数若是 A 类的友元,它不一定是 B 类的友元
C) 友元函数是成员函数,在其中能直接访问私有成员
D) 友元关系不能被继承

5. 下列关于派生类的叙述中,错误的是_____。
A) 派生类至少要有一个基类
B) 派生类中包括了从基类继承的成员

C) 一个派生类可以作为另一个派生类的基类

D) 基类成员被派生类继承以后访问权限保持不变

6. 有如下程序：

```cpp
#include <iostream>
using namespace std;
class Base
{
private:
    void fun1() { cout <<"fun1"; }
protected:
    void fun2() { cout <<"fun2"; }
public:
    void fun3() { cout <<"fun3"; }
};
class Derived: protected Base
{
public:
    void fun4() { cout <<"fun4"; }
};
int main( )
{   Derived obj;
    obj.fun1();              //①
    obj.fun2();              //②
    obj.fun3();              //③
    obj.fun4();              //④
    return 0;
}
```

其中有语法错误的语句是_____。

A) ①②③④　　　　B) ①②③　　　　C) ②③④　　　　D) ①④

7. 有如下类定义和变量定义：

```cpp
class Base
{
public:
    int x;
private:
    int y;
};
class A : public Base {  /* 类体略 * /};
class B : private Base {  /* 类体略 * /};
```

A a;

B b;

下列语句中正确的是_____。

A) cout << a.x << endl ;

B) cout << a.y << endl ;

C) cout << b.x << endl ;

D) cout << b.y << endl ;

8. 有如下类声明:

```
class BASE
{    int k;
public:
    void set(int n){ k = n; }
    int get( ){ return k; }
};
class DERIVED: protected BASE
{
protected:
    int j;
public:
    void set(int m, int n){ BASE::set(m); j = n; }
    int get( ) { return BASE::get( ) + j; }
};
```

则类 DERIVED 中保护的数据成员和成员函数的总个数是_____。

A) 4   B) 3   C) 2   D) 1

9. 定义派生类时,若不使用关键字显式地规定采用何种继承方式,则默认方式为_____。

A) 私有继承   B) 非私有继承   C) 保护继承   D) 公有继承

10. 若已定义了类 Vehicle,则下列派生类定义中,错误的是_____。

A) class Car: Vehicle {   /* 类体略 */ };

B) class Car: public Car { /* 类体略 */ };

C) class Car: public Vehicle { /* 类体略 */ };

D) class Car: virtual public Vehicle { /* 类体略 */ };

11. 有如下类说明:

```
class Base
{
protected:
    int amount;
public:
    Base(int n = 0): { amount = n; }
    int getAmount( ) { return amount; }
};
```

```cpp
class Derived: public Base
{
protected:
    int value;
public:
    Derived(int m, int n): Base(n) { value = m; }
    int getData( ) { return value + amount; }
};
```

知 x 是一个 Derived 对象,则下列表达式中正确的是_____。

A) x.value + x.getAmount( )　　　　B) x.getData( ) − x.getAmount( )

C) x.getData( ) − x.amount　　　　D) x.value + x.amount

12. 已知类 Base 和类 Derived 的定义如下:

```cpp
class Base
{   int n;
public:
    Base(int d):n(d) { }
};
class Derived: public Base
{
public:

    _____

};
```

其中横线处应为类 Derived 的构造函数的定义。在下列正确的是_____。

A) Derived(int x){ Base(x); }　　　　B) Derived(int x): Base(x) { }

C) Derived(int x){ n = x; }　　　　D) Derived(int x): n(x) { }

13. 已知基类 Employee 只有一个构造函数,其定义如下:

```cpp
Employee::Employee(int n): id(n) { }
```

Manager 是 Employee 的派生类,则下列定义中,正确的是_____。

A) Manager::Manager(int n): id(n) { }

B) Manager::Manager(int n) { id = n; }

C) Manager::Manager(int n): Employee(n) { }

D) Manager::Manager(int n) { Employee(n); }

14. 写出以下程序的运行结果。

```cpp
#include <iostream>
using namespace std;
class Base1
{
public:
    Base1(int d) { cout << d; }
```

```
    ~Base1( ) { }
};
class Base2
{
public:
    Base2(int d) { cout << d; }
    ~Base2( ) { }
};
class Derived : public Base2, public Base1
{
public:
    Derived(int a, int b, int c, int d):
                    b1(a), b2(b), Base1(c), Base2(d) { }
private:
    Base1 b1, b2;
};
int main( )
{    Derived d(1,2,3,4); return 0; }
```

15. 有如下程序：

```
#include <iostream>
using namespace std;
class C1
{
public:
    ~C1( ){ cout << 1; }
};
class C2: public C1
{
public:
    ~C2( ){ cout << 2; }
};
int main( )
{    C2 cb2;
    C1 * cb1;
    return 0;
}
```

运行时的输出结果是_____。

A) 121   B) 21   C) 211   D) 12

16. 有如下程序：

```
#include<iostream>
using namespace std;
class Base
{    int x;
public:
     Base(int n = 0) { x = n; cout << x; }
};
class Derived: public Base
{    int y;
public:
     Derived(int m, int n): Base(n) { y = m; cout << y; }
     Derived(int m) { y = m; cout << y; }
};
int main( )
{    Derived d1(3), d2(5,7); return 0; }
```

运行时的输出结果是_____。

A) 375　　　　　　　　B) 357　　　　　　　　C) 0375　　　　　　　　D) 0357

17. 以下有关继承的叙述中,正确的是_____。

A) 派生类继承基类的所有成员　　　　　B) 派生类继承基类的所有非私有成员

C) 派生类没有继承基类的析构函数　　　D) 虚基类不能解决多继承产生的二义性

18. 已知 A 是基类、B 是派生类,并有语句:

A a, * pa = &a;

B b, * pb = &b;

则下列正确的语句是_____。

A) pb = pa;　　　　　B) b = a;　　　　　C) a = b;　　　　　D) * pb = * pa;

19. 定义以下的类:

```
class A
{    int a;
public: A(int x = 0) { a = x; }
};
class B: public A
{    int b;
public: B( int x = 0, int y = 0): A(y) { b = x; }
};
```

下列语句中,存在语法错误的是_____。

A) A * pa = new B(1, 2);　　　　　　B) A a1 = B(1, 3);

C) A b2(2, 3); B &a2 = b2;　　　　　D) B b3(10); A a3(b3);

20. 下列关于虚基类的描述中,错误的是_____。

A) 使用虚基类可以消除由多重继承产生的二义性

B) 构造派生类对象时,虚基类的构造函数只被调用一次

C) 声明"class B : virtual public A"说明类 B 为虚基类

D) 建立派生类对象时,首先调用虚基类的构造函数

21. 下面是关于派生类声明的开始部分,其中正确的是_____。

A) class virtual B: public A

B) virtual class B: public A

C) class B: public A virtual

D) class B: virtual public A

22. 在下面程序的横线处填上适当的内容,使程序执行后的输出结果为 ABCD。

```cpp
#include <iostream>
using namespace std;
class A
{
public: A( ) { cout << 'A'; }
};
class B:      (1)
{
public: B( ) { cout << 'B'; }
};
class C:      (2)
{
public: C( ){ cout << 'C'; }
};
class D: public B, public C
{
public: D( ) { cout << 'D'; }
};
int main( ) { D obj; return 0; }
```

23.

```cpp
#include <iostream>
using namespace std;
class A
{
public: A( ) { cout << 'A'; }
};
class B: public A
{
public: B( ) { cout << 'B'; }
};
```

```cpp
class C: public A
{
public: C( ){ cout << 'C'; }
};
class D: public B, public C
{
public: D( ) { cout << 'D'; }
};
int main( ) { D obj; return 0; }
```

上述程序运行后,输出结果是_____。

24. 写出以下程序的运行结果。

```cpp
#include <iostream>
using namespace std;
class Base
{
protected:
    int b;
public:
    Base(int b = 0):b(b){ }
};
class Base1:virtual public Base
{
public:
    Base1(int b):Base(b) { }
};
class Base2:virtual public Base
{
public:
    Base2(int b):Base(b){ }
};
class Derived : public Base1, public Base2
{
public:
    Derived(int b): Base1(b), Base2(b) { }
    void Show(){ cout << b << endl; }
};
int main( )
{   Derived d(2); d.Show(); return 0; }
```

*第13章 多态性

一、本章知识点

1. 多态的概念
2. 运算符重载的概念
3. 运算符重载的规定
4. 运算符重载的两种实现方式
5. 运算符重载的实现
6. 前置后置++--实现的区别
7. 重载插入提取运算符
8. 类型转换函数和构造函数
9. 赋值运算符重载函数和拷贝构造函数的调用时机
10. 自行定义字符串类
*11. string 类
12. 重载下标运算符[ ]
13. 静态联编和动态联编的概念
14. 虚函数的定义和使用
15. 虚析构函数
16. 纯虚函数和抽象类

二、例题、答案和解析

知识点 1:多态的概念

【题目】关于多态,下列说法中错误的是_____。

A) 面向对象程序设计的三大特性为封装、继承和多态

B)"函数的调用关系在编译阶段无法确定,到了运行阶段才能确定",这种状况属于动态多态

C) 多态分为静态多态和动态多态

D) 函数重载属于动态多态

【答案】D

【解析】函数重载、运算符重载以及函数模板和类模板都是属于静态多态,也称编译时多态。动态多态也称运行时的多态,即在程序运行时刻才能决定的事情,如选项 B 描述的情况。

知识点 2:运算符重载的概念

【题目】下列关于运算符重载的叙述中,正确的是_____。

A) 通过运算符重载机制可以为C++语言扩充新的运算符

B) 运算符重载的作用是使已有的运算符作用于新定义类的对象

C) 重载运算符的操作数类型可以全部为基本类型

D) 所有运算符都可以被重载

【答案】B

【解析】C++的运算符仅适用于基本数据类型(如整型、实型和字符型)数据量的运算。用户定义的新的数据类型例如复数类型 Complex 等,若要使用C++运算符(如进行两个复数的加法运算),则必须为类定义相应的运算符重载函数,使C++运算符适用于新的数据类型。C++中只有部分运算符可以被重载,详见后续知识点 3。可重载的运算符只能是C++提供的已有运算符,不能创造新的运算符。

知识点 3:运算符重载的规定

【题目 1】运算符重载时不需要保持的性质是_____。

A) 操作数个数   B) 操作数类型   C) 优先级   D) 结合性

【答案】B

【解析】运算符重载时必须保持原运算符的优先级、结合性以及操作数个数,操作数个数指一元、二元或三元运算中的元,如 x/y 中的/是两元运算,只能将/重载为二元运算符。运算符重载是要让C++运算符适用于新的操作数类型,即增加运算符适应的操作数类型。

【题目 2】下列关于运算符重载的说法,错误的是_____。

A) new 和 delete 运算符可以重载

B) 重载运算符不能改变其原有的操作数个数

C) 三元运算符"?:"不能重载

D) 所有运算符既可以作为类的成员函数重载,又可以作为非成员函数重载

【答案】D

【解析】C++中有 5 个运算符不能重载,它们是"."、"::"、". *"、"sizeof"和"?:"。只能重载为成员函数的运算符也有 5 个,它们是"="、"[ ]"、"( )"、"->"和"类型转换运算符"。"类型转换运算符"的意义详见本章知识点 8。

知识点 4:运算符重载的两种实现方式

【题目 1】下列关于运算符函数的描述中,错误的是_____。

A) 运算符函数的名称总是以 operator 为前缀

B) 运算符函数的参数可以是对象

C) 运算符函数只能定义为类的成员函数

D) 在表达式中使用重载的运算符相当于调用运算符重载函数

【答案】C

【解析】题目描述中的运算符函数也称为运算符重载函数。运算符重载函数可以是类的成员函数或非成员函数,而非成员函数又分为 2 种,它们是友元函数和普通的运算符函数。普通的运算符函数就是以 operator <运算符>开头的函数。

【题目 2】将运算符重载为类成员函数时,其参数表中没有参数,说明该运算是_____。

A) 不合法的运算符   B) 一元运算符

C) 无操作数的运算符　　　　　　　　　D) 二元运算符

【答案】B

【解析】将运算符重载为类的成员函数时，第 1 个运算量是类的对象，通过它调用运算符重载成员函数，第 2 个运算量放在参数中，所以一般来说，对于一元运算，函数无参数，对于二元运算，函数有 1 个参数，选项 B 正确。若将运算符重载为非成员函数时，所有的运算量都必须放在参数中，所以一般来说运算量是几元的，参数就有几个。不管用成员还是用非成员实现的运算符重载，只有一个例外，即后置++−−运算，它们本身是一元运算，但为了与前置++−−区分，增加了一个 int 型参数，因此成员函数实现的后置++−−运算符重载函数有一个参数，非成员函数实现的后置++−−运算符重载函数有 2 个参数。

知识点 5：运算符重载的实现

【题目 1】已知 Value 是一个类，value 是 Value 的一个对象。下列以非成员函数形式重载的运算符函数原型中，正确的是_____。

A) Value operator + (Value v, int i);

B) Value operator + (Value v = value, int i);

C) Value operator + (Value v, int i = 0);

D) Value operator + (Value v = value, int i = 0);

【答案】A

【解析】运算符重载函数的形参不允许有缺省值（默认值），因为其对应实参是运算量，实际运算量都是不可缺省的。例如 v+3，v 和 3 都不能缺省，所以对应的运算符重载函数的形参不允许有缺省值，BCD 选项的形参有缺省值，所以都是错误的。

【题目 2】有如下程序：

```cpp
#include <iostream>
using namespace std;
class Amount
{   int amount;
public:
    Amount(int n = 0): amount(n) { }
    int getAmount( ) const { return amount; }
    Amount &operator + = (Amount a)
    {   amount += a.amount;
        return_____;
    }
};
int main( )
{   Amount x(3), y(7);
    x += y;
    cout << x.getAmount( )<< endl;
    return 0;
}
```

已知程序的运行结果是 10,则下划线处缺失的表达式是_____。

A) * this B) this C) &amount D) amount

【答案】A

【解析】C++编译器将"x += y;"解释"x. operator + = (y);"。注意,表达式"x += y"的运算结果应该是 x 的值,而运算符重载函数 operator +=()的返回值类型是引用,在成员函数中的 this 指针指向调用函数的对象 x,因此"return * this;"表示返回 x 自身。

知识点 6:前置后置++--实现的区别

【题目 1】若为 Fraction 类重载前增 1 运算符++,应在类体中将其声明为_____。

A) Fraction& operator ++ ( );

B) Fraction& operator ++ (int);

C) friend Fraction& operator ++ ( );

D) friend Fraction& operator ++ (int);

【答案】A

【解析】前置后置++--运算符重载在定义形式上的区别为:后置的多了一个 int 型形参。A 和 B 选项都是成员函数的声明,其中 A 选项是前置++的正确声明。对于 B 选项,从函数的参数来看,它是后置++运算符重载函数的声明,从返回值来看,后置++--运算符不能返回引用,所以 B 选项错误。选项 C 和 D 均为错误的,根据关键字 friend 可知是友元函数实现,因为是一元运算符,若是前置++,函数必须有一个参数,若是后置++,则函数必须有两个参数,所以 C 和 D 选项都是错误的。正确的声明是,前置++为 friend Fraction& operator ++ (Fraction&);或 friend Fraction operator ++ (Fraction&);,后置 ++ 为 friend Fraction operator ++ (Fraction&, int);。特别注意,对于前置++运算,函数的返回值类型为 Fraction&(引用)或 Fraction(对象)均可。返回值类型为 Fraction& 的好处是,若 a 是 Fraction 类型的对象,则可实现类似" ++ (++ (++ a));"形式的连续自增自减运算。但作为常规实现,后置++--运算符重载只能返回对象,不能返回引用,因为无法实现连续后置++--运算,即无法实现类似(a ++) ++;运算。这一点从后置++--运算符重载的实现也能体会到,因为运算符重载函数正确的返回值应该是没有加 1 之前的值,而后置++对象自身是必须加 1 的,如果返回对象自身的引用,则返回的是加 1 以后的值,所以无法实现后置++,参见教材相关例子。

【题目 2】已知表达式++ a 中的"++"是作为成员函数重载的运算符,则与++ a 等效的运算符函数调用形式为_____。

A) a. operator ++ (1) B) operator ++ (a)

C) operator ++ (a, 1) D) a. operator ++ ( )

【答案】D

【解析】对象的++--运算,C++编译器会自动根据前置后置转换为对运算符重载函数的调用,对后置 a++,若是成员实现选 A,若是非成员实现选 C;对前置++a,若是成员实现选 D,若是非成员实现选 B。注意,题目中的实参 1 为整型量,也可以写成 int。

知识点 7:重载插入提取运算符

【题目】以下程序运行时,若输入 wang 90 <回车>,则输出 wang 90,请填空。

```cpp
#include <iostream>
using namespace std;
class student
{   char name[20];        //姓名
    int cpp;              //C++成绩
public:
    _____(1)_____  istream & operator >>(istream &, student &);
    _____(2)_____  ostream & operator <<(ostream &, student &);
};
_____(3)_____  operator >>(istream &is, student &m)
{   is >> m.name >> m.cpp;
    return is;
}
ostream &operator <<( _____(4)_____ , student &m)
{   os << m.name <<" "<< m.cpp << endl;
    return os;
}
int main( )
{   student stud;
    cin >> stud;
    cout << stud;
    return 0;
}
```

【答案】(1) friend (2) friend (3) istream & (4) ostream &os

【解析】对非基本数据类型,比如"用户新定义的类"类型,插入和提取运算符必须经过重载才适用,而且必须重载为类的非成员函数,所以(1)(2)选项都填写 friend。编译器将"cin >> stud;"解释成"operator >>(cin, stud);",将"cout << stud;"解释成"operator <<(cout, stud);"。

知识点 8:类型转换函数和构造函数

【题目 1】下列程序输出 23.86,请填充程序中的空缺,使该行形成一个运算符重载函数的定义。

```cpp
#include <iostream>
using namespace std;
class RMB                    //定义一个"人民币"类
{   int Yuan, Jiao, Fen;     //元、角、分
public:
    RMB(int y = 0, int j = 0, int f = 0)
    {   Yuan = y; Jiao = j; Fen = f;    }
    _____ double( )
```

```
    { return (Yuan + double(Jiao) /10 + double(Fen) /100);    }
};
int main( )
{    RMB r(23,8,6);
    double d;
    cout <<(d = r)<< endl;
    return 0;
}
```

【答案】operator

【解析】对用户新定义的类,其对象若欲赋值给其他类型的量,如题中的 d=r,则必须重载类型转换运算符。赋值表达式 d=r,等号两边的数据类型不一致,d 的类型为 double(其他类型),r 的类型是"新定义的类"RMB 类型,赋值时必须是相同类型的量赋值,编译器处理成 d=double(r) 即先将 r 的值转换为 double 类型的量,然后赋值,"double(r)"将被处理成对类型转换函数的调用"r.operator double( )",通过对象 r 调用成员函数 operator double( ),该函数返回一个 double 类型的量。注意,类型转换函数只能重载为类的成员函数,而且语法上要求函数无参数、无返回值类型,实际上返回值类型由 operator 后面的 double 指定。

【题目 2】以下程序的运行结果为_____。

```
# include < iostream >
using namespace std;
class RMB                        //定义一个"人民币"类
{    int Yuan, Jiao, Fen;        //元、角、分
public:
    RMB( ){ }
    RMB(double m)
    {    Yuan = (int)m;
        Jiao = (int)((m - Yuan) * 10);
        Fen = (int)(m * 100) % 10;
    }
    friend ostream &operator <<(ostream &out, RMB r)
    {    cout << r.Yuan <<"元"<< r.Jiao <<"角"<< r.Fen <<"分";
        return out;
    }
};
int main( )
{    double d = 23.86;
    RMB r;
    cout <<(r = d)<< endl;
    return 0;
}
```

【答案】23 元 8 角 6 分

【解析】题中赋值 r=d,等号两边的数据类型不一致,d 的类型为 double(其他类型),r 的类型是 RMB 类型,赋值时必须是相同类型的量赋值,编译器处理成 r=RMB(d) 即先将 d 的值转换为 RMB 类型的量,然后赋值,等号右边调用参数为 double 类型的构造函数创建一个 RMB 类的临时对象,赋值给 r 后,再撤销该临时对象。

注意,若将"其他类型"的量赋值给本类类型的量,是通过构造函数实现的,该构造函数的参数应是"其他类型"。本例中的"其他类型"为 double 型,本类类型为 RMB 类型。另外,如本知识点题目 1 中所述,若将本类类型的量赋值给"其他类型(指非本类类型)"的量,是通过类型转换运算符重载函数实现的,类型转换函数的函数名为 <u>operator ＜其他类型＞</u>。

知识点 9:赋值运算符重载函数和拷贝构造函数的调用时机

【题目】以下程序的输出结果是_____。

```
#include < iostream >
using namespace std;
class MyClass
{
public:
    MyClass(int i = 0) { cout << 1;}
    MyClass(const MyClass &x) { cout << 2; }
    MyClass& operator = (const MyClass&x) { cout << 3; return * this; }
    ~MyClass() { cout << 4; }
};
MyClass fun(MyClass obj)          //①
{    return obj; }                //②
int main( )
{    MyClass obj1(1),obj2(obj1),obj3 = obj2 = obj1,obj4;     //③
     obj4 = fun(obj1);            //④
     return 0;
}
```

【答案】12321224344444

【解析】用已知对象初始化一个新创建的对象时调用拷贝构造函数,而对象赋值时调用赋值运算符重载函数。程序中第③行创建了 4 个新对象,其中创建 obj1 和 obj4 对象时调用的是默认构造函数,创建 obj2 和 obj3 对象时调用的是拷贝构造函数,在创建 obj3 之前做 obj2=obj1 时调用的是赋值运算符重载函数,所以第③行输出 12321。第④行调用 fun 函数,创建第①行形参 obj 对象时调用拷贝构造函数,参数传递 MyClass obj=obj1。执行第②行 return 语句时,先调用拷贝构造函数用 obj 初始化新创建的内存临时对象,然后撤销 obj 对象。第④行函数调用结束,将函数返回值即内存临时对象的值赋值给 obj4,调用的是赋值运算符重载函数,赋值完毕撤销临时对象。主函数执行到右花括号处结束前撤销对象 obj4、obj3、obj2 和 obj1。

知识点 10：自行定义字符串类

【题目】写出以下程序的输出结果

```cpp
# include <iostream>
# include <cstring>
using namespace std;
class Str
{   int len;
    char * strp;
public:
    Str(char * p = 0)              //构造函数
    {   if(p)
        {   len = strlen(p);
            strp = new char[len + 1];
            strcpy(strp, p);
        }
        else strp = 0, len = 0;
    }
    Str(const Str &s)           //拷贝构造函数
    {   len = s.len;
        if(s.strp)
        {   strp = new char[len + 1];
            strcpy(strp, s.strp);
        }
        else strp = NULL;
    }
    Str& operator = (const Str& s)    //重载赋值运算符函数
    {   if(this == &s) return * this;
        if(strp) delete [ ] strp;
        len = s.len;
        if(s.strp)
        {   strp = new char[len + 1];
            strcpy(strp, s.strp);
        }
        else strp = NULL;
        return * this;
    }
    friend ostream &operator <<(ostream &out, Str &s) //重载插入运算符
    {   if(s.strp)out << s.strp;
        return out;
```

```
    }
    //重载＋,连接两个字符串
    friend Str operator + (const Str &s1, const Str &s2 )
    {   Str t;
        t. len = s1. len + s2. len;
        t. strp = new char[t. len + 1];
        strcpy(t. strp, s1. strp);
        strcat(t. strp, s2. strp);
        return t;
    }
    int operator＞( const Str &s) //重载＞,比较两个字符串
    {   return(strcmp(strp, s. strp)＞0 ); }
    ~ Str() { if(strp) delete []strp; }
};
int main( )
{   Str s1("aaa"), s2("bbbb"), s3 = "ccc";
    cout ＜＜ s3 ＜＜", ";
    s3 = s1 + s2;
    cout ＜＜ s3 ＜＜", ";
    if(s1＞s2)
        cout ＜＜"Yes\ n";
    else
        cout ＜＜"No\ n";
    return 0;
}
```

【答案】ccc, aaabbbb, No

【解析】C++提供的字符串处理功能较弱,字符串的赋值、比较和连接等操作需要借助于标准字符串处理库函数 strcpy、strcmp 和 strcat 等。本题给出字符串类的定义,该定义中重载了几个常用字符串操作运算符,使用该字符串类的对象,可以直接对字符串进行赋值、比较、连接和输出等操作。其他的字符串处理功能,如比较字符串是否相等、字符串输入等,可仿照此例增加定义相应的运算符重载函数即可。

＊知识点 11:string 类

【题目】运行以下程序,若输入 English＜回车＞,请写出输出结果。

```
＃include ＜ iostream ＞
＃include ＜string＞                 //必须包含此头文件
using namespace std;
int main( )
{   string  str1, str2, str3;        //定义 string 类对象
    str1 = "Chinese";               //字符串直接赋值
```

```
    cin >> str2;                          //直接输入字符串
    str3 = str1 + str2;                   //字符串直接相加
    cout << str1 << '+' << str2 << '=' << str3 << endl; //字符串直接输出
    if(str1>str3)                         //字符串直接比较
        cout << str1 << '>' << str3 << endl;
    else
        cout << str1 <<"< = "<< str3 << endl;
    str2 = str1;                          //字符串直接赋值
    if(str1 == str2)                      //字符串直接比较
        cout << str1 <<" == "<< str2 << endl;
    else
        cout << str1 <<"! = "<< str2 << endl;
    cout << str1.length( )<< endl; //求字符串的长度,成员函数
    return 0;
}
```

【答案】

Chinese + English = ChineseEnglish

Chinese < = ChineseEnglish

Chinese == Chinese

7

【解析】C++提供了一个已定义类 string,可以实现字符串整体的各种操作,不需要像知识点 10 中,自行定义字符串类实现字符串整体操作。string 类的定义在头文件 string 中,所以程序必须包含该头文件。

知识点 12:重载下标运算符[ ]

【题目】对下述程序,若运行时输入 1　2　3　4<回车>,请写出输出结果。

```
# include < iostream >
# include < cstdlib >
using namespace std;
class Array
{   int len;    //数组元素个数
    int * arr;  //数组起始指针
public:
    Array(int size = 0)   //构造函数原型声明
    {   len = size;
        arr = NULL;
        if(len)
        {   arr = new int[len];
            memset(arr, 0, sizeof(int) * len);   //数组内存清 0
        }
```

```
    }
    ~ Array( ){ if(arr) delete [ ]arr; }
    int GetLen( ){ return len; }
    int & operator[ ](int index)    //下标运算符重载函数
    {   if( index > = len || index<0 )
        {   cout <<"Error: 下标 "<< index <<" 越界\n";
            exit(1);
        }
        return arr[index];
    }
};
int main( )
{   const int size = 4;
    int i;
    Array a(size);
    for(i = 0; i<size; i++ )
        cin >> a[i];
    for(i = 0;i<a.GetLen( );i++ )
        cout << a[i]<< '\t';
    cout << endl;
    a[size] = 0;
    cout << a[5]<< endl;
    return 0;
}
```

【答案】

1   2   3   4
Error: 下标 4 越界

【解析】本程序实现下标运算符的重载,在主函数中访问 a[i],编译器会解释成 a.operator[](i),即对下标运算符重载函数的调用。程序在执行到语句"a[size] = 0;"时,会在运算符重载函数 operator[]()中报错,因为 size 的值为 4,超过了合法下标 0~3,然后结束程序的执行(由 exit(1)函数调用实现)。main 函数中的语句"cout << a[5]<< endl;"中有元素访问 a[5],尽管下标 5 也越界,但是此输出语句不会被执行,所以不会有报错信息。

知识点 13:静态联编和动态联编的概念

【题目】以下描述中错误的是_____

A) 函数间调用关系的确定称为联编,分为静态联编和动态联编

B) 函数重载、运算符重载函数调用关系的确定在编译阶段,属于静态联编。

C) 函数间调用关系的确定若出现在运行阶段称为动态联编

D) 联编是指用户程序与标准库函数的连接过程

【答案】D

【解析】ABC 选项中描述的是静态联编和动态联编的正确概念。D 选项是错误的,用户程序与标准库函数的连接过程就是程序开发过程的"连接"阶段,不是联编。

知识点 14:虚函数的定义和使用

【题目 1】下列关于虚函数的描述中,正确的是＿＿＿＿＿。

A) 虚函数是一个 static 类型的成员函数

B) 虚函数是一个非成员函数

C) 基类中采用 virtual 说明一个虚函数后,派生类中定义相同原型的函数时可不必加 virtual 说明

D) 派生类中的虚函数与基类中相同原型的虚函数具有不同的参数个数或类型

【答案】C

【解析】虚函数必须是成员函数,不能是 static 类型的函数,所以选项 A 和 B 错误。选项 D 中描述的情况属于函数重载而非虚函数。选项 C 中所述的概念是正确的。

【题目 2】下列关于虚函数的说明中,正确的是＿＿＿＿＿。

A) 从虚基类继承的函数都是虚函数　　　B) 虚函数不得是静态成员函数

C) 只能通过指针或引用调用虚函数　　　D) 抽象类中的成员函数都是虚函数

【答案】B

【解析】定义虚基类的目的是为了解决基类同名成员访问的二义性问题,而定义虚函数的目的是实现动态多态。对于选项 A,虚基类中可以有虚函数,也可以没有,所以从虚基类继承的函数未必都是虚函数。对于选项 C,为实现动态多态,只能通过基类的指针或引用调用虚函数,而如果不是为了实现动态多态,通过对象也是可以调用虚函数的。对于选项 D,抽象类中除了可以定义纯虚函数之外,也可以定义普通的成员函数。

【题目 3】请写出以下程序的运行结果。

```cpp
#include <iostream>
using namespace std;
class B
{
public:
    B(int x):x(x) { ++count; }
    virtual void show() { cout << count << '_' << x <<", "; }
protected:
    static int count;
private:
    int x;
};
class D: public B
{
public:
    D(int x, int y):B(x),y(y) { ++count; }
    virtual void show( ) { cout << count << '_' << y <<", "; }
```

```
private:
    int y;
};
int B::count = 0;
void fun(B &c){ c.show(); }        //1
int main( )
{    B * ptr = new D(10,20);
    B b = * ptr;
    ptr - >show();                 //2
    ( * ptr).show();               //3
    fun( * ptr);
    b.show();                      //4
    delete ptr;
    return 0;
}
```

【答案】2_20, 2_20, 2_20, 2_10,

【解析】基类的静态数据成员 count 可以被派生类继承。基类和派生类中均有成员函数 show,它们都是虚函数。基类的指针如果指向派生类对象,若通过该指针调用 show,调用的是派生的虚函数,程序中第 2 和第 3 行语句的输出属于此种情况。基类的对象如果引用的是派生类对象,若通过该对象调用虚函数 show,调用的也是派生的虚函数,程序中第 1 行语句的输出属于此种情况。通过独立的基类对象(该对象未引用派生类对象)调用虚函数,调用的是基类自身的虚函数,程序中第 4 行语句的输出属于此种情况。总之,若基类的指针指向派生类对象,或基类的对象引用派生类对象,通过基类的指针或引用调用虚函数,则指向的或引用的是哪个对象,调用的就是该对象所属类的虚函数;通过一个独立的对象(基类的或派生类的都一样)调用虚函数,调用的就是所属类的虚函数。另外需要注意的是,如果是非虚函数,不遵循动态多态的规则,即通过指针、引用和对象调用的成员函数就是所属类型的函数。

知识点 15:虚析构函数

【题目】以下程序的输出是_____。

A) BB　　　　　B) BD　　　　　C) DB　　　　　D) DD

```
#include < iostream >
using namespace std;
class Base
{
public:
    ~ Base( ) { cout << 'B'; }
};
class Derived: public Base
{
```

```
public:
    ~ Derived( ) { cout << 'D'; }
};
int main( )
{   Base  * p = new Derived;
    Base b;
    delete p;
    return 0;
}
```

【答案】A

【解析】本例中析构函数不是虚函数,在执行"delete p;"语句时,系统调用 p 指向的对象的析构函数,尽管 p 指向的是派生类对象,但由于 p 是基类指针,所以只调用了基类的析构函数,输出 B。程序结束时撤销 b 对象,调用析构函数输出第 2 个 B。如果将 Base 类和 Derived 类的析构函数前都加上关键字 virtual,则程序运行结果为 DBB,此时执行 "delete p;"语句时,系统调用的是它指向的派生类对象的析构函数,输出 D,而按照析构函数的执行规则,派生类析构函数在执行完毕,会自动调用其基类的构造函数,输出 B。程序结束撤销 b 对象时,再次输出 B。

知识点 16:纯虚函数和抽象类

【题目 1】"图形"类 Shape 中定义了纯虚函数 CalArea( ),"三角形"类 Triangle 继承了类 Shape,"长方形"类 Rectangle 也继承了类 Shape,请填写 Shape 类中的 CalArea 函数的声明。

```
class Shape
{
public:
    _____ ;
};
class Triangle: public Shape
{
    int side, height;
public:
    Triangle(int s, int h): side(s),height(h){}
    double CalArea( ){ return side * height /2.0; }
};
class Rectangle: public Shape
{
    int length, width;
public:
    Rectangle(int len, int w): length(len),width(w){}
    double CalArea( ){ return double(length * width); }
```

```
};
int main( )
{    Triangle t(3,3);
     Rectangle r(4,5);
     cout << t.CalArea()<< endl;
     cout << r.CalArea()<< endl;
     return 0;
}
```

【答案】virtual double CalArea() = 0

【解析】C++提供纯虚函数和抽象类的目的是,在抽象基类中提供"统一接口"(如纯虚函数 CalArea()),在不同派生类中写出"方法的多种实现"(两个派生类中 CalArea()函数的函数体实现不一样,分别计算不同形状的面积),不同的派生类对象接收到同一个"消息(调用 CalArea())",会完成不同的操作,这就是动态多态。程序中的 t.CalArea()调用的是 Triangle 类的计算面积函数,r.CalArea()调用的是 Rectangle 类的计算面积函数,即这两个对象接收的消息是一样的,但完成的是不同的计算。注意,派生类中实现了基类的纯虚函数 CalArea(),在派生类中 CalArea()变成了虚函数。

【题目 2】下列有关抽象类和纯虚函数的叙述中,错误的是_____。

A) 拥有纯虚函数的类是抽象类,不能用来定义对象

B) 抽象类的派生类若不实现纯虚函数,它仍然是抽象类

C) 纯虚函数的声明以"= 0;"结束

D) 纯虚函数都不能有函数体

【答案】D

【解析】纯虚函数可以有函数体,例子见下面题目 3。

【题目 3】有如下程序

```
#include < iostream >
using namespace std;
class A
{
public:
    virtual void fun( ) = 0 { cout <<"virtual fun = 0"; };
};
class B: public A
{
public:
    virtual void fun( ) { cout <<"virtual fun"; };
};
int main( )
{    B b;
     b.fun( );
```

```
        return 0;
}
```
执行该程序,输出结果是_____。

A) virtual fun = 0   B) virtual fun = 0 virtual fun

C) virtual fun   D) 编译报错

【答案】C

【解析】抽象类 A 中的纯虚函数给出了函数体,主函数通过派生类对象 b 调用 fun 函数,此时调用的是派生类的 fun 函数。那么怎样调用基类纯虚函数的函数体呢? 可以通过语句"b.A::fun( );"调用。

三、练习题

1. 在C++中,编译时的多态性是通过模板或函数_____实现的。

2. 下列选项中,与实现运行时多态性无关的是_____。

A) 重载函数   B) 虚函数   C) 指针   D) 引用

3. 下列关于运算符重载的描述中,错误的是_____。

A) 可以通过运算符重载在C++中创建新的运算符

B) 赋值运算符只能重载为成员函数

C) 运算符函数重载为类的成员函数时,第一操作数是该类对象

D) 重载类型转换运算符时不需要声明返回类型

4. 下列有关运算符重载的叙述中,正确的是_____。

A) 运算符重载是多态性的一种表现

B) C++中可以通过运算符重载创造新的运算符

C) C++中所有运算符都可以作为非成员函数重载

D) 重载运算符时可以改变其结合性

5. 下列关于运算符重载的叙述中,错误的是_____。

A) 有的运算符可以作为非成员函数重载

B) 所有的运算符都可以通过重载而被赋予新的含义

C) 不得为重载的运算符函数的参数设置默认值

D) 有的运算符只能作为成员函数重载

6. 对运算符 +、=、<<、==和[],必须作为类成员重载的运算符是_____。

A) +和=   B) =和<<   C) ==和<<   D) =和[]

7. 下列关于运算符重载的描述中,错误的是_____。

A) ::运算符不能重载

B) 类型转换运算符只能作为成员函数重载

C) 将运算符作为非成员函数重载时必须定义为友元

D) 重载[]运算符应完成"下标访问"操作

8. 在类中重载赋值运算符时,应将其声明为类的_____。

A) 静态函数   B) 友元函数   C) 成员函数   D) 构造函数

9. 如果表达式 a >= b 中的">="是作为非成员函数重载的运算符,则 a >= b 可以等效地

表示为_____。

A) a. operator > = (b)   B) b. operatotr > = (a)

C) operator > = (a, b)   D) operator > = (b, a)

10. Complex 是类名,将运算符"＋"重载为非成员函数,下列原型声明中,错误的是_____。

A) Complex operator + (Complex, long);

B) Complex operator + (Complex, Complex);

C) Complex operator + (long, long);

D) Complex operator + (long, Complex);

11. 若需要为 Complex 类重载乘法运算符,运算结果为 Complex 类型,在将其声明为类的成员函数时,下列原型声明正确的是_____。

A) Complex operator * (Complex, Complex);

B) Complex * (Complex);

C) operator * (Complex);

D) Complex operator * (Complex);

12. 已知将运算符"＋"和"＊"作为类 Complex 的成员函数重载,设 c1 和 c2 是类 Complex 的对象,则表达式 c1 + c2 * c1 等价于_____。

A) c1. operator * (c2. operator + (c1))

B) c1. operator + (c2. operator * (c1))

C) c1. operator * (c1. operator + (c2))

D) c2. operator + (c1. operator * (c1))

13. 有类定义如下:

```
class TT
{
public:
    TT( int i = 0);
    TT operator - ( int);
    friend TT operator + (TT, TT);
private:
    int val;
};
```

若 c 是 TT 类的对象;则下列语句序列中,错误的是_____。

A) TT(3) + c;   B) c + TT(3);   C) 8 - c;   D) c - 8;

14. 有如下程序:

```
# include < iostream >
using namespace std;
class Complex
{
    int x, y;
```

```
public:
    Complex(int a, int b): x(a),y(b){ }
    Complex operator + (Complex p) { return _____ ; }
    void show( ){ cout << x << ',' << y; }
};
int main( )
{   Complex p1(5,8),p2(21, - 4);
    (p1 + p2). show( );
    return 0;
}
```

在横线处填上适当的内容,补充完整该 return 语句,使得程序的输出是 26,4。

15. 下列程序的输出结果为 -5/8　 -3/4 ,请将横线处的缺失部分补充完整。

```
# include < iostream >
using namespace std;
class Fraction      //定义"分数"类
{
public:
    Fraction( double a, double b ): num(a), den(b) { }
    ~ Fraction( ) { }
    Fraction operator - ( )
    { //重载取负运算符" - ",返回一个分数对象,其分子是原来分子的相反数
        _____ ;
        return f;
    }
    void print( ) { cout << num << '/' << den << '  '; }
private:
    double num;        //分子
    double den;        //分母
};
int main( )
{   Fraction f1(5,8), f2(3,4);
    ( - f1). print( );     //输出 - 5/8
    ( - f2). print( );     //输出 - 3/4
    return 0;
}
```

16. 正方形类的定义如下,请将横线处缺失部分补充完整。

```
class Square
{   double width;
public:
```

```
        Square(double w):width(w) { }
            _____ (Square& s);  //此处为运算符重载函数原型声明,重载大于运算符">",
                                   //用于比较两个正方形的大小,函数结果类型为 bool 类型
};
```

17. Fraction 是一个类名,若用成员函数实现后置--运算符重载,则在类体中的函数声明为___(1)___;若用非成员函数实现前置--,则在类体外的函数定义的函数头为___(2)___(形参名可任意取)。

18. Fraction 是一个类名,a 是 Fraction 类的对象,若是成员函数实现的++运算,则与 a++等效的运算符函数调用形式为___(1)___;若是非成员函数实现的++运算,则与++ a 等效的运算符函数调用形式为___(2)___。

19. C++流中重载的运算符 >> 是一个_____。

    A) 用于输出操作的非成员函数　　　　　B) 用于输入操作的非成员函数

    C) 用于输出操作的成员函数　　　　　　D) 用于输入操作的成员函数

20. 在有理数类 Rational 中重载插入运算符<<,以便按 a/q 形式输出。请将<<运算符函数的定义补充完整。

```
class Rational
{   int a, q;
public:
    Rational(int aa, int qq): a(aa), q(qq){ }
    friend ostream & operator <<(ostream &out, Rational &x)
    {
        out << x. a << '/' << x. q << endl;
        _____ ;
    }
};
```

21. 有如下程序：

```
#include < iostream >
using namespace std;
class Complex
{   double re, im;
public:
    Complex(double r, double i):re(r),im(i){ }
    double real( ) const { return re; }
    double image( ) const{ return im; }
    Complex& operator += (Complex a)
    {   re += a.re;
        im += a.im;
        return * this;
```

```
    }
};
ostream& operator <<(ostream & s, const Complex & z)
{    return s << '(' << z.real( ) << ',' << z.image( ) << ')'; }
int main( )
{    Complex x(1, -2), y(2,3);
    cout <<(x += y)<< endl;
    return 0;
}
```

执行这个程序的输出结果是_____。

A) (1, -2)   B) (2, 3)   C) (3, 5)   D) (3, 1)

22. 以下关于类型转换运算符重载的描述中,错误的是_____。

A) 类型转换函数没有参数

B) 类型转换函数只能用成员函数实现

C) 类型转换函数中不能有 return 语句

D) 类型转换函数的函数名前没有返回值类型

23. 若要对类 BigNumber 中重载的类型转换运算符 long 进行声明,下列选项中正确的是_____。

A) operator long( ) const;

B) operator long(BigNumber);

C) long operator long( ) const;

D) long operator long(BigNumber);

24. 已知 Complex 是一个类名,若有"Complex c(3, 2); double x = 6.2;",则进行 c=x 赋值时,C++需要调用____(1)____函数实现;进行 x=c 赋值时,C++需要调用____(2)____函数实现。

25. 若 A 是类名,class A { };定义了一个类,则系统自动为类生成的成员函数有____(1)____、____(2)____、____(3)____和____(4)____。

26. 下列关于赋值运算符"="重载的叙述中,正确的是_____。

A) 重载的赋值运算符函数有两个本类对象作为形参

B) 默认的赋值运算符实现了"深层复制"功能

C) 赋值运算符只能作为类的成员函数重载

D) 如果已经定义了复制(拷贝)构造函数,就不能重载赋值运算符

27. 以下程序输出 abbc,请补充完整下面的类定义。

```
# include < iostream >
# include < cstring >
using namespace std;
class STR
{    char * strp;
public:
```

```
    STR(char * p)    //构造函数
    {   strp = new char[strlen(p) + 1];
        strcpy(strp, p);
        cout << strp;
    }
    STR& operator = (const STR& x)    //重载赋值运算符函数
    {
            (1)            ;
        strp = new char[strlen(x. strp) + 1];
        strcpy(strp, x. strp);
            (2)            ;
    }
    ~ STR(){delete []strp; }
};
int main( )
{   STR s1("a"), s2("bbc");
    s2 = s1;
    return 0;
}
```

28. 有如下程序：

```
# include < iostream >
# include < cstring >
using namespace std;
class MyString
{   char str[80];
public:
    MyString(const char * s) { strcpy(str, s); }
    MyString& operator += (MyString a)
    {   strcat(str, a. str);
        return * this;
    }
    const char * getstr()const{ return str; }
};
ostream& operator <<(ostream& s, const MyString& z) //非成员非友元重载插入运算符
{   return s << z. getstr(); }
int main( )
{   MyString x("abc"), y("cde");
    cout <<(x += y)<< endl;
```

```
        return 0;
    }
```
运行这个程序的输出结果是_____。

A) abc   B) cde   C) abcde   D) abccde

29. 如下程序定义了"单词"类 Word,类中重载了< 运算符,用于比较"单词"的大小,返回相应的逻辑值。程序的输出结果为"Happy Welcome",请将程序补充完整。

```
# include < iostream >
# include <string>
using namespace std;
class Word
{
public:
    Word(string s):str(s){ }
    string getStr(){ return str; }
    _____ { return (str<w.str); }
    friend ostream& operator <<(ostream& out, const Word &w)
    { out << w.str; return out; }
private:
    string str;
};
int main( )
{   Word w1("Happy"),w2("Welcome");
    if(w1<w2) cout << w1 <<' '<< w2;
    else cout << w2 <<' '<< w1;
    return 0;
}
```

30. 已知时间类 Time 的定义如下:

```
class Time
{   int hour, minute, second;        //时、分、秒
public:
    Time(int h, int m, int s):hour(h), minute(m), second(s) { }
    _____ //重载运算符[]
    {
        switch(index)
        {
        case 0:
            return hour;
        case 1:
            return minute;
```

```
        default:
            return second;
        }
    }
};
```

若定义主函数如下：

```
int main( )
{   Time t(10,30,12);
    cout << t[0]<< t[1]<< t[3]<< endl;  //输出 103012
    return 0;
}
```

程序中横线处应为下标访问运算符［　］的重载函数的函数头，应填入的代码是_____。

A) int& operator[ ](Time& t, int index)

B) int& operator[ ](int index)

C) friend int& operator[ ](Time& t, int index)

D) friend int& operator[ ](int index)

31. 对以下函数的调用，使用动态联编规则确定调用关系的是_____。

A) 普通重载函数　　　　　　　　B) 运算符重载函数

C) 模板函数　　　　　　　　　　D) 虚函数

32. 请写出以下程序的输出结果。

```
#include < iostream >
using namespace std;
class B
{
public:
    virtual void fun1( ) { cout <<"B"; }
    void fun2( ) { cout <<"B"; }
};
class D: public B
{
public:
    void fun1( ) { cout <<"D"; }
    void fun2( ) { cout <<"D"; }
};
void show(B * p){ p-> fun1( ); p-> fun2( ); }
int main( )
{   D obj;
    show(&obj);
```

```
        obj.fun1();
        obj.fun2();
        obj.B::fun1();
        return 0;
}
```

33. 已知类 Base、Middle 和 Derived 的定义如下：

```
class Base
{
public:
    virtual void fun( ) { cout << 'a'; }
};
class Middle: public Base
{
public:
    void fun( ) { cout << 'b'; }
};
class Derived: public Middle
{
public:
    void fun( ) { cout << 'c'; }
};
```

且有主函数如下：

```
int main( )
{   Base * p1;
    Middle * p2;
    Derived d;
    p1 = &d;
    p1 -> fun( );
    p2 = &d;
    p2 -> fun( );
    return 0;
}
```

运行这个程序段的输出是_____。

A) aa　　　　　　　B) bb　　　　　　　C) cc　　　　　　　D) ab

34. 一个类的构造函数____(1)____(可以/不可以)定义为虚函数,析构函数____(2)____(可以/不可以)定义为虚函数。

35. 下列关于友元函数和静态成员函数的叙述中,错误的是_____。

A) 静态成员函数在类体中说明时加 static,在类外定义时不能加 static

B) 虚函数不能为友元函数,也不能为静态成员函数

C) 友元函数在类体中说明时加 friend,在类外定义函数时不能加 friend

D) 友元函数不带 this 指针,静态成员函数带 this 指针

36. 请写出以下程序的运行结果。

```
#include <iostream>
using namespace std;
class Base
{
public:
    virtual ~Base( ) { cout << 'B'; }
};
class Middle: public Base
{
public:
    ~Middle( ) { cout << 'M'; }
};
class Derived: public Middle
{
public:
    ~Derived( ) { cout << 'D'; }
};
int main( )
{   Base *p = new Derived;
    delete p;
    Middle *p2 = new Derived;
    delete p2;
    return 0;
}
```

37. 在一个抽象类中,一定包含有_____。

A) 虚函数　　　　B) 纯虚函数　　　　C) 模板函数　　　　D) 重载函数

38. 下面是类 Shape 的定义:

```
class Shape
{
public:
    virtual void Draw() = 0;
};
```

下列关于 Shape 类的描述中,正确的是_____。

A) 类 Shape 是虚基类

B) 类 Shape 是抽象类

C) 类 Shape 中的 Draw 函数声明有误

D) 语句"Shape s;"建立了 Shape 类的一个对象 s

39. 有如下程序:

```cpp
# include < iostream >
using namespace std;
class Base
{
public:
    virtual void Display( ) = 0;
};
class Derived: public Base
{
public:
    void Display( ){ /* 函数体略 */}
};
int main( )
{   Base s;
    Base * p = 0;
    //… 省略部分语句
    return 0;
}
```

下列叙述中正确的是_____。

A) 语句"Base * p = 0;"编译时出错

B) 语句"Base s;"编译时出错

C) 类 Base 是一个虚基类

D) 类 Derived 中的 Display 函数不是虚函数

40. 写出以下程序的运行结果。

```cpp
# include < iostream >
# include < cstring >
using namespace std;
class Person
{   char name[20];
public:
    Person(){ strcpy (name,"Unknown"); }
    char * getName() { return name; }
    virtual char * getAddress() = 0;
};
class Student: public Person
{
public:
```

```
    Student(char * name){ }
    char * getAddress(){ return "Nanjing";}
};
int main( )
{   Person * p = new Student("Xiaoming");
    cout << p -> getName()<<"住在"<< p -> getAddress()<< endl;
    return 0;
}
```

第 14 章　输入/输出流

一、本章知识点

1. 提取运算符>>和插入运算符<<重载
2. 输入/输出格式控制函数
3. 文件的打开和关闭
4. 文件指针定位

二、例题、答案和解析

知识点 1:提取运算符>>和插入运算符<<重载

【题目】有如下类定义:

```
class MyClass {
    public:

        _____

    private:
    int data;
};
```
//部分代码省略

若要为 MyClass 类重载流输入运算符>>,使得程序中可以"cin >> obj;"形式输入 MyClass 类的对象 obj,则横线处的声明语句应为_____。

A) friend istream& operator >>(istream& is, MyClass& a);

B) friend istream& operator >>(istream& is, MyClass a);

C) istream& operator >>(istream& is, MyClass& a);

D) istream& operator >>(istream& is, MyClass a);

【答案】A

【解析】C++编译器会将 cin >> obj 处理为对运算符重载函数的调用 operator >>(cin, obj),在该函数中,输入的数据应赋值给 obj,换言之,该函数执行完毕实参 obj 的值必须发生变化,因此函数形参必须定义为引用,否则 obj 就不可能变化。选项 B 中 MyClass 类型的形参 a 没有写成引用类型,所以错误。选项 C 和 D 将运算符重载函数声明为成员函数,而提取运算符>>和插入运算符<<应该用友元函数重载而不能作为成员函数重载,所以后两项都是错的。

知识点 2:输入/输出格式控制函数

【题目】# include < iostream >

using namespace std;

int main( )

```
{        cout.fill('*');
         cout.width(6);
         cout.fill('#');
         cout << 123 << endl;
         return 0;
}
```

执行后的输出结果是_____。

A) ＃＃＃123　　　B) 123＃＃＃　　　C) ＊＊＊123　　　D) 123＊＊＊

【答案】A

【解析】cout 默认格式是右对齐左侧填充空格,程序中使用了两次 cout.fill() 函数,第二次设置的"＃"填充符覆盖了第一次设置的填充符。给定的宽度是 6 个字符的宽度,输出的数字只有 3 个字符。所以,最后输出的效果是 123 右对齐,左侧填充 3 个"＃"字符。

知识点 3:文件的打开和关闭

【题目】若 D 盘根目录下并不存在 test.txt 文件,则下列打开文件方式不会自动创建 test.txt 文件的是_____。

A) ifstream fin; fin.open("d:\\test.txt", ios_base::in);

B) fstream fio; fio.open("d:\\test.txt", ios_base::out);

C) ofstream fout; fout.open("d:\\test.txt", ios_base::out);

D) ofstream fout; fout.open("d:\\test.txt", ios_base::app);

【答案】A

【解析】如果以 ios_base::in 模式打开文件但文件又不存在时,系统不会自动创建文件,可以通过 fail() 测出文件打开失败。而 ios_base::out 和 ios_base::app 模式都是准备把数据写入文件,如果文件不存在,系统自动创建文件。

运行程序为如下形式(注意头文件及标准命名空间):

```
#include < iostream >
#include <fstream>
using namespace std;
int main( )
{    ifstream fin;
     fin.open("d:\\test.txt", ios_base::in);
     return 0;
}
```

知识点 4:文件指针定位

【题目】已知 outfile 是一个输出流对象,要想将 outfile 的文件指针定位到当前位置之前 321 字节处,正确的函数调用语句是 _____

A) outfile.seekp(321, ios_base::cur);

B) outfile.seekp(321, ios_base::beg);

C) outfile.seekp(- 321, ios_base::beg);

D) outfile.seekp(- 321, ios_base::cur);

【答案】D

【解析】成员函数 seekp 专门用于设置输出文件流的文件指针位置,它是一种相对于起始位置进行偏移量定位的技术。起始位置有三种:ios_base::beg(文件开始位置)、ios_base::cur(文件当前位置)、ios_base::end(文件结束位置)。偏移量为正数则文件指针向后移动,偏移量为负数则文件指针向前移动。根据题目要求,正确答案是 D。

三、练习题

1. 有如下程序:

```cpp
#include <iomanip>
#include <iostream>
using namespace std;
int main( )
{
    cout << setfill('*') << setw(6) << 123 << 456;
    return 0;
}
```

运行时的输出结果是_____。

A) ***123***456　　　　　　　　　　B) ***123456***

C) ***123456　　　　　　　　　　　　D) 123456

2. 下列控制格式输入输出的操作符中,能够设置浮点数精度的是

A) setprecision　　　　　　　　　　B) showpoint

C) setfill　　　　　　　　　　　　　D) setw

3. 有如下程序

```cpp
class CSum
{
    int x, y;
public:
    CSum(int x0, int y0): x(x0), y(y0) { }
    friend ostream&operator <<(ostream&os, const CSum &xa)
    {                               //运算符重载
        os << setw(5)<< xa.x + xa.y;
        return os;
    }
};
int main( )
{
    CSum y(3, 5);
    cout << setfill('*')<< 8;
```

```
    cout << y;  //编译器解释为 operator <<(cout, y) !!!
    return 0;
}
```

执行上面程序的输出是_____。

A) 88 　　　　　　　　　　　　　　　　B) ****88

C) ****8****8 　　　　　　　　　　　　D) 8****8

4. 在C++中既可以用于文件输入又可以用于文件输出的流类是_____。

A) fstream 　　　　　B) ifstream 　　　　　C) ofstream 　　　　D) iostream

5. 有如下语句序列：

```
ifstream infile("DATA.DAT");
if(infile.good( )) cout <<"A";
else{
    cout <<"B";
    ofstream outfile("DATA.DAT");
    if(outfile.fail( )) cout <<"C";else cout <<"D";
}
```

若执行这个语句序列显示的是 BD,则说明文件 DATA.DAT_____。

A) 以读方式打开成功

B) 以读方式打开失败,但以写方式打开成功

C) 以读方式打开失败,以写方式打开也失败

D) 以读方式打开成功,以写方式打开也成功

6. 下列关于文件流的描述中,正确的是_____。

A) 文件流只能完成针对磁盘文件的输入输出

B) 建立一个文件流对象时,必须同时打开一个文件

C) 若输入流要打开的文件不存在,将建立一个新文件

D) 若输出流要打开的文件不存在,将建立一个新文件

7. 若目前 D 盘根目录下并不存在 test.txt 文件,则下列打开文件方式不会自动创建 test.txt 文件的是_____。

A) ifstream fin; fin.open("d:\\test.txt",ios_base::in);

B) ofstream fout; fout.open("d:\\test.txt",ios_base::app);

C) ofstream fout; fout.open("d:\\test.txt",ios_base::out);

D) fstream fio; fio.open("d:\\test.txt",ios_base::out);

8. 若磁盘上已存在某个文本文件,其全路径文件名为 d:\nc\test.txt,下列语句中不能打开该文件的是_____。

A) ifstream file("d:\nc\test.txt");

B) ifstream file; file.open("d:\\nc\\test.txt");

C) ifstream * pFile = new ifstream("d:\\nc\\test.txt");

D) ifstream file("d:\\nc\\test.txt");

9. 要利用C++流进行文件操作,必须在程序中包含的头文件是_____。

A) cstdlib   B) iostream

C) fstream   D) strstream

10. 在下列表述中,用来正确表示"相对于当前位置"文件定位方式的是_____。

A) ios_base::end   B) ios_base::out

C) ios_base::beg   D) ios_base::cur

11. 下列枚举符号中,用来定位文件开始位置的是_____。

A) ios_base::end   B) ios_base::beg

C) ios_base::out   D) ios_base::cur

12. 要利用C++流实现文件的输入输出,必须在程序中包含的头文件是_____。

A) istream   B) fstream

C) iomanip   D) ostream

13. 下列语句都是程序运行时的第1条输出语句,其中一条语句的输出效果与其他三条语句不同,该语句是_____。

A) cout << right < 12345;   B) cout << left << 12345;

C) cout << internal << 12345;   D) cout << setw(6)<< 12345;

14. 有如下程序:

```
# include < iostream >
# include < iomanip >
using namespace std;
int main()
{
    cout << setprecision(3)<< fixed << setfill( * )<< setw(8);
    cout << 12.345 << _____ << 34.567;
    return 0;
}
```

若程序的输出是:

12.34534.567

则程序中下划线处遗漏的操作符是_____。

A) setfill(*)   B) fixed

C) setprecision(3)   D) setw(8)

15. 下列关于C++流的叙述中,正确的是_____。

A) 与键盘、屏幕、打印机和通信端口的交互都可以通过流类来实现

B) cin 是一个预定义的输入流类

C) 输出流有一个名为 open 的成员函数,其作用是生成一个新的流对象

D) 从流中获取数据的操作称为插入操作,向流中添加数据的操作称为提取操作

16. 下列有关C++流的表述中,错误的是_____。

A) 利用C++流进行输入操作时,eof()函数用于检测是否到达文件尾

B) C++流操作符 endl 可以实现输出的回车换行

C) C++流操作符 setw 设置的输出宽度永久有效

D) 利用C++流处理文件输入输出时，须包含头文件 fstream

17. 有如下 4 个语句：

① cout << 'A' << setfill(' * ')<< left << setw(7)<< 'B' << endl;

② cout << setfill(' * ')<< left << setw(7)<< 'A' << 'B'<endl;

③ cout << 'A' << setfill(' * ')<< right << setw(7)<< 'B' << endl;

④ cout << setfill(' * ')<< right << setw(7)<< 'A' << 'B' << endl;

其中执行时显示 A ＊＊＊＊＊＊ B 的是＿＿＿＿＿。

A) ①和④　　　　B) ①和③　　　　C) ②和③　　　　D) ②和④

*第15章　模　板

一、本章知识点

1. 函数模板和模板函数
2. 类模板和模板类

二、例题、答案和解析

知识点 1：函数模板和模板函数

【题目 1】下列关于函数模板的描述中，正确的是_____。

A) 函数模板是一个实例函数

B) 使用函数模板定义的函数没有返回类型

C) 函数模板的类型参数与函数的参数相同

D) 通过使用不同的类型参数，可以从函数模板得到不同的实例函数

【答案】D

【解析】函数模板是对功能相似，数据类型不同的一组函数的抽象，不是实例函数。使用函数模板定义的函数与普通函数完全相同，具有形参和返回值。函数模板的类型参数和普通形参是不同的概念，形参用于数据的传递，而类型参数用于数据类型的确定。

【题目 2】下列关于函数模板的说法，正确的是_____。

A) 在定义模板参数时关键字 typename 和 class 可以互换

B) 函数模板的形参表中只能有虚拟类型参数

C) 调用函数模板时，模板实参永远不能省略

D) 在函数模板的声明中，只能使用 1 个虚拟类型参数

【答案】A

【解析】函数模板的形参表中除了虚拟类型参数，还可以有实际类型参数。调用函数模板时，模板实参可以不写，由系统根据函数实参的类型自动确定。函数模板的虚拟类型参数可以使用多个。

知识点 2：类模板和模板类

【题目】已知类模板 Test 定义如下：

```
template < typename T1,typename T2 >
class Test {
public:
    void fun(T2 t);
};
```

则以下针对 fun 函数的类外定义中语法正确的是_____。

A) template < typename T1,typename T2 > void Test::fun < T2 > (T2 t){ }

B) template < typename T1,typename T2 > void Test::fun < T1,T2 > (T2 t){ }

C) template < typename T1,typename T2 > void Test < T2 >::fun(T2 t){ }

D) template < typename T1,typename T2 > void Test < T1,T2 >::fun(T2 t){ }

【答案】D

【解析】在类模板类外定义成员函数时,在作用域运算符::之前必须要加上<模板形参名列表>以分辨成员函数将来是属于此类模板产生的哪一种数据类型的模板类,因此选项A、B是错误的。选项C作用域运算符::之前的<模板形参名列表>中少说明了一个数据类型参数,也不对。正确答案是D。

三、练习题

1. 下列有关模板的叙述中,正确的是_____。

A) 用类模板定义对象时,绝对不能省略模板实参

B) 函数模板不能含有常规形参

C) 函数模板的一个实例就是一个函数定义

D) 类模板的成员函数不能是模板函数

2. 下列关于模板的叙述中,错误的是_____。

A) 模板声明中的第一个符号总是关键字 template

B) 在模板声明中用<和>括起来的部分是模板的形参表

C) 类模板不能有数据成员

D) 在一定条件下函数模板的实参可以省略

3. 有如下函数模板定义:

template < typename T1, typename T2 >

T1   FUN(T2 n)   { return n * 5.0; }

若要求以 int 型数据 9 作为函数实参调用该模板,并返回一个 double 型数据,则该调用应表示为_____。

A) FUN(9)   B) FUN < 9 >

C) FUN < double >(9)   D) FUN < 9 >(double)

4. 在定义函数模板或类模板时,开头的保留字是_____。

A) typename   B) template   C) class   D) typedef

5. 下列关于模板的描述中,错误的是_____。

A) 类模板的成员函数都是模板函数   B) 函数模板是一种参数化类型的函数

C) 满足一定条件时可以省略模板实参   D) 模板形参只能由关键字 typename 声明

6. 已知主函数中通过如下语句序列实现对函数模板 swap 的调用:

int a[10], b[10];

swap(a, b, 10);

下列对函数模板 swap 的声明中,会导致上述语句序列发生编译错误的是_____。

A) template < typename T >

      void swap(T a[ ], T b[ ], int size);

B) template < typename T >

　　　　void swap(int size, T a[ ], T b[ ]);

C) template < typename T1, typename T2 >

　　　　void swap(T1 a[ ], T2 b[ ], int size);

D) template < class T1, class T2 >

　　　　void swap(T1 a[ ], T2 b[ ], int size);)

7. 有如下模板声明：

template < typename T1, typename T2 > class A;

下列声明中，与上述声明不等价的是_____。

A) template < typename T1, T2 > class A;

B) template < class T1, class T2 > class A;

C) template < class T1, typename T2 > class A;

D) template < typename T1, class T2 > class A;

8. 下列关于模板的叙述中，错误的是_____。

A) 模板声明中的关键字 class 都可以用关键字 typename 替代

B) 调用模板函数时，在一定条件下可以省略模板实参

C) 可以用 int、double 这样的类型修饰符来声明模板参数

D) 模板的形参表中可以有多个参数

9. 若有函数模板 mySwap 和一些变量定义如下：

template < class T > void mySwap(T x, T y);

double d1,d2 ;　　int i1,i2 ;

下列对 mySwap 的调用中，错误的是_____。

A) mySwap(i1, i2)　　　　　　　　　B) mySwap(d1, d2)

C) mySwap(i1, d1)　　　　　　　　　D) mySwap < int >(i2, d2)

10. 下列类模板的定义中语法格式错误的是_____。

A) template < class T > class Buffer{ /* … * /};

B) template < typename T > class Buffer{ /* … * /};

C) template < class T1,class T2 > class Buffer{ /* … * /};

D) template < T > class Buffer{ /* … * /};

11. 下列关于模板形参的表述中，错误的是_____。

A) 模板形参表必须在关键字 template 之后

B) 可以用 typename 修饰模板形参

C) 模板形参表必须用括弧()括起来

D) 可以用 class 修饰模板形参

12. 下面是一个模板声明的开始部分：

template < typename T > double...

由此可知_____。

A) 这可能是一个类模板的声明

B) 这可能是一个函数模板的声明

C) 这既可能是一个函数模板的声明，也可能是一个类模板的声明

D) 这肯定是一个错误的模板声明

13. 下列模板声明中,有语法错误的是_____。

A) template < class T > T class A{T n;};

B) template < typename T > T fun(T x){return x;}

C) template < typename T > T fun(T x, int n){return x * n;}

D) template < class T > T fun(T * p){return * p;}

14. 下列关于函数模板的叙述中,错误的是_____。

A) 从模板实参表和从模板函数实参表获得信息矛盾时,以模板实参的信息为准

B) 对于常规参数所对应的模板实参,任何情况下都不能省略

C) 模板实参表不能为空

D) 虚拟类型参数没有出现在模板函数的形参表中时,不能省略模板实参

15. 在定义一个类模板时,模板形参表是用一对括号括起来的,所采用的括号是_____。

A) <>　　　　　　　　B) ()　　　　　　　　C) {}　　　　　　　　D) [ ]

16. 下列关于模板的表述中,错误的是_____。

A) 模板形参只能由关键字 typename 声明

B) 满足一定条件时可以省略模板实参

C) 函数模板是一种参数化类型的函数

D) 类模板的成员函数都是模板函数

17. 已知主函数中通过如下语句序列实现对模板函数 swap 的调用:

int a[10],b[10];

swap(a, b, 10);

下列对函数模板 swap 的声明中,会导致上述语句序列发生编译错误的是_____。

A) template < typename T1, typename T2 > void swap(T1 a[],T2 b[], int size);

B) template < class T1, class T2 > void swap(T1 a[],T2 b[], int size);

C) template < typename T > void swap(T a[],T b[], int size);

D) template < typename T > void swap(int size,T a[],T b[]);

18. 如下函数模板:

template < class T > T square(T x){ return x * x; }

其中 T 是_____。

A) 模板实参　　　　　　　　　　　　B) 函数形参

C) 模板形参　　　　　　　　　　　　D) 函数实参

19. 下列函数模板的定义中,合法的是_____。

A) template T < class T > abs(T x){ return x<0? - x:x; }

B) template < typename T > T abs(T x){ return x<0? - x:x; }

C) template T abs(T x){ return x<0? - x:x; }

D) template class < T > T abs(T x){ return x<0? - x:x; }

20. 下列关于函数模板的表述中,正确的是_____。

A) 每个函数模板就是一个函数定义

B）函数模板中的模板形参就是模板函数的形参

C）模板函数没有返回类型

D）通过使用不同的虚拟类型参数，可以从函数模板得到不同的函数实例

21．有如下函数模板定义：

template < typename T1,typename T2 >

T1 FUN(T2 n) { return n * 5.0; }

若要求以 int 型数据 9 作为函数实参调用该模板函数，并返回一个 double 型数据，则该调用应表示为_____。

A）FUN(9)

B）FUN < 9 >

C）FUN < double >(9)

D）FUN < 9 >(double)

22．下列模板声明中，有语法错误的是_____。

A）template < typename T > T fun(T x) { return x; }

B）template (typename T) fun(T x, int n) { return x * n; }

C）template < class T > T fun(T * p) { return * p; }

D）template < class T > class A { T n; };

第三部分

C++语言课程设计

课程设计总体要求

一、设计总时数为 16 小时

二、题目选择及完成要求

　　同学任选其中一题进行设计。在设计时,请参照已实现的可执行程序的用户界面和程序功能。教师会共享这两个题目的可执行程序给学生。同学必须首先完成给出的"菜单设计练习",然后进入正式的设计与编程。仿照给出的程序,完成菜单及主控程序的设计。按照任课教师要求,可以独立完成,亦可几个同学合作。

三、课程设计报告要求

　　报告内容可参考下述几点:

1. 给出程序的总体功能,以及各选项的功能。
2. 如有新增加的功能,应给出所增加功能的设计说明。
3. 给出程序使用的主要数据结构。
4. 给出从 main 函数开始的函数之间的调用关系图。
5. 精选 2～3 个主要算法,给出算法的实现流程图,如排序算法、插入算法等。
6. 提供有注释的源程序。要求注释清楚类的功能、类中数据成员的含义、类中成员函数的功能、函数参数及返回值的含义。
7. 提供典型测试数据组,含输入数据与输出结果。不允许屏幕拷贝执行结果窗口,只能是文字的输入输出结果。
8. 若多个同学合作完成,课设报告也必须独立提交,并注明组员及个人完成的部分。

四、课程设计考核

　　按照教师指定的方法考核,可能有以下几种方式:

1. 采用机考的方式,教师随机选择课设中的部分函数构成完整程序进行编程考试。
2. 采用面试方法对每位同学的课程设计进行考核,面试时对课程设计程序中的任何部分都可能提问,或要求同学现场修改程序。

五、其他提示

　　1. 课设报告按老师要求,提交电子文档。电子课设报告必须符合编辑排版要求,简单的要求例如正文使用五号字,每段首行缩进 2 个字符,内容标题要有层次等。

　　2. system()系统库函数的使用提示,应包含头文件"cstdlib"

system("cls");　　　功能:清屏

system("pause");　　功能:暂停程序执行,按任意键后继续执行

菜单设计练习

一、菜单内容

1. Function1
2. Function2
3. Function3
0. Goodbye!
Input 1~3,0：

二、菜单设计要求

用数字 1~3 来选择菜单项,用数字 0 来退出程序的执行,其他输入则不起作用。

三、菜单实现程序清单

```cpp
#include <iostream>
#include <cstdlib>
using namespace std;
int menu_select( ); //函数原型声明
int main( )
{
    for( ; ; )
    {
        switch(menu_select( ))
        {
            case 1:
                cout <<"Function1"<< endl;  //可替换此行为处理函数的调用
                system("pause");
                break;
            case 2:
                cout <<"Function2"<< endl;  //可替换此行为处理函数的调用
                system("pause");
                break;
            case 3:
                cout <<"Function3"<< endl;  //可替换此行为处理函数的调用
                system("pause");
                break;
```

```
            case 0:
                cout <<"Goodbye!"<< endl;
                system("pause");
                exit(0);
            }
        }
    return 0;
}
int menu_select( )
{
    char * m[5] = {"1. Function1", //可根据菜单项的多少设定指针数组长度
                   "2. Function2",
                   "3. Function3",
                   "0. Goodbye!" };
    int i, choice;
    do {
        system("cls");    //清屏
        for(i = 0; m[i]; i++)
            cout << m[i]<< endl;
        cout <<"Input 1 - 3,0: ";
        cin >> choice;
    } while(choice<0 || choice>3);
    return(choice);
}
```

选题一:汽车站车票管理

一、程序菜单功能

一个汽车站每天有 n 班通往各地的车,每班车都有唯一的车次号(00100,00101,00102,…),发车时间,固定的路线(起始站、终点站),大致的行车时间,固定的额定载客量等信息。每班车信息如下:

表1　汽车站汽车数据库列表

车次	发车时间	起点站	终点站	行车时间	票价	额定载量	已售票数
00101	6:00	南京	盐城	3.5	30	45	
00102	7:30	南京	连云港	4	40	40	
00103	8:00	南京	宿迁	6	55	40	

要求设计一个车票管理系统分别供管理员和顾客使用。进入主窗口后,选择1进入管理员窗口;选择2进入普通顾客窗口;选择3退出系统。主窗口及不同用户的窗口如表2所示。

表2　不同窗口内容

主窗口	管理员窗口	普通顾客窗口
1. 管理员登录 2. 普通顾客登录 3. 退出 请输入选择:	1. 增加车次信息 2. 查看所有车次信息 3. 车辆信息查询 4. 注销车次 5. 退出 请输入选择:	1. 车辆信息查询 2. 购买车票 3. 退票 4. 退出 请输入选择:

(一) 管理员账户

(1) 身份验证:要求通过用户名密码验证才能使用管理员账户(默认用户名为 admin,密码为 123)。注意:输入密码时要进行密码保护操作,即将输入的字母变成 * 号。如果用户密码错误,将会反复要求重新输入;

(2) 当通过身份验证后,系统自动装载配置文件(即存放该汽车站汽车数据的文件)里的内容至数组 timetables 中,并进入管理员菜窗口(如表2第二列);在执行本功能前,请准备好配置文件,文件名请自行给出(如 bus.txt)。文件格式如下(每行是一班车的信息,分别对应着车次号,发车时间(小时),发车时间(分钟),始发站,终点站,大约时长,票价,最大载客量,已售票数):

表3　配置文件内部基本信息(例)

00103	14	30	南京	北京	10	80	45	0
00104	15	10	南京	长沙	10	50	50	0
00105	17	20	南京	武汉	10	100	40	0
00106	10	20	南京	宿迁	4	40	40	0

(3) 增加车次信息:增加车次时必须给定车次,发车时间(包括小时和分钟),起点,终点,行车时间,固定的额定载客量和票价。增加车次后要将信息写入配置文件中(如 bus.txt)。注意:必须确保输入的车次号必须不重复且如果当天的日志文件已生成,则增加的车次第二天生效。

(4) 查看所有的车次信息:按行显示该汽车站所有车次的信息(包括车次,发车时间,起点,终点,行车时间,固定的额定载客量)。

(5) 车辆信息查询:能够根据车次号和终点站分别进行查询,若车次或终点站不存在,则应该给出提示;如果存在,则显示该车辆信息。注意:如果按终点站查询,则要求显示所有的查询结果,且结果按发车时间升序排序。

(6) 注销车次:输入要删除车次的车次号,首先查询该车辆是否存在,若该车不存在,则给出提示信息;如果存在则相应显示该车信息,并询问是否删除,如果是则删除该车次,并将信息写入配置文件中(如 bus.txt);注意:如果当天的日志文件已生成,则注销车次第二天生效。

(7) 退出:退出管理员账户,并将信息重新写入配置文件中(如 bus.txt)。

(二) 顾客账户

(1) 信息导入:整个汽车站的车次基本信息存放于配置文件 bus.txt 中。每天第一次使用顾客身份登录时,系统会从 bus.txt 中读取数据到数组 timetables 中(注意每辆车的已售票数的初始值为0),并将数组 timetables 的信息写入到一自动生成的日志文件(以当天日期命名如 2019-9-15.log)中。如果顾客身份不是第一次登录,则数据从当天的日志文件中读取数据到数组 timetables 中。

(2) 车辆信息查询:能够根据车次号和终点站分别进行查询,若车次或终点站不存在,则应该给出提示;如果存在,则显示该车辆信息。注意:如果按终点站查询,则要求显示所有的查询结果,且结果按发车时间升序排序,且必须显示每辆车是否已停止服务。

(3) 购买车票:输入要购买的车次,如果该车次不存在,给出提示。如果该车次存在则输出该车次的信息。注意:只有系统时间距发车时间大于十分钟时方可购票。如果小于10分钟则不可买票,否则输入购买的车票数目,并判断剩余的票是否大于等于要购买的票数,如果是则可以买票,同时更改已售车票数,并将相应信息写入当天的日志文件中;否则提示车票数不够。

(4) 退票:输入要退票的车次,如果该车次不存在,给出提示;如果该车次存在则输出该车次的信息。注意:只有系统时间距发车时间大于十分钟时方可退票。如果小于10分钟则不可退票,否则输入退票数目,并判断售出的票是否大于等于要退的票数,如果是则可以退票,同时更改已售车票数,并将相应信息写入当天的日志文件中;否则提示用户输入错误。

(5) 退出:退出顾客账户,将相应信息写入当天的日志文件中。

二、数据结构说明

1. 定义一个结构体数据结构用于存放每个车次的信息

```
struct Timetable        //车辆信息结构
{   char no; //班次
    int hour; //发车时间,小时
    int minute; //发车时间,分钟
    char Starting_station[10]; //始发站
    char Last_station[10]; //终点站
    float time; //行车时长
    int fare;  //票价
    int max_number; //最大载客量
    int sold_number; //已售票数
};
```

2. 该汽车站汽车班次信息用数组来存储,如果不考虑动态数组空间的话,开始可将数组长度设置得大一些。

3. 数据文件

数据文件中的信息是可以永久保存的,而内存中的信息当程序结束后就不存在了。本课设用配置文件(如 bus.txt)及日志文件(以每天日期做文件名,如 2019 - 9 - 15.log)模拟实现"数据库(即数据文件)",数据库中存储的是该汽车站汽车班次信息,可永久保存。当以管理员身份程序运行时,所有的汽车班次信息从 bus.txt 文件中搬入内存,即存储在内存中的timetables 数组中;当以普通顾客身份运行程序时,汽车班次信息从当天的日志文件中搬入内存。程序结束运行时,所有的汽车班次信息均由内存搬到(存储到)相应的数据文件中(管理员身份写入到 bus.txt,普通顾客写入到当天的日志文件中),下次运行时再次调入到内存中。

注意:文件对使用系统的用户来说是"看不见的",是系统内部处理用到的。当管理员用户验证通过后或普通用户登录后将自动调用 ReadFromFile()函数将相应文件内容加载到timetables 数组中。当对 timetables 中的数据进行修改后,相应地调用 WritetoFile ()函数将内存 timetables 数组的内容写入对应文件(管理员写入 bus.txt 中,普通顾客写入到当天日志文件中)。

三、课程设计实现说明

1. 定义主函数,在主函数中定义一个 Timetable 型的数组 timetables 用于存放该汽车站所有车次信息。所有的操作都是针对该数组执行的。

2. 本项目涉及二级菜单,请仿照上述菜单设计进行拓展,给出本题的菜单实现。在菜单设计时将菜单设计练习中的"cout <<" Function1"<< endl;"等替换成调用每一个菜单功能的实现函数。

3. 主函数和对应于每个菜单功能的实现函数参见"四、部分函数代码提示"。

四、部分函数代码提示

1. 主函数以及各级菜单函数的定义：

```
int main()
{   int UserChoice;
    Timetable timetables[100];
    while(1)
    {   switch(UserChoice = MainWindowSelect())
        {
        case 1: AdminMode(timetables,"bus.txt");break;      //管理员模式
        case 2: PassagerMode(timetables,"bus.txt");break;   //顾客模式
        case 3: if (Quit()! = 1)continue;                   //退出
        }
        if (UserChoice == 3) break;
    }
    return 0;
}


void AdminMode(Timetable * timetables,char * filename)
{   Signin();
    int n = ReadFromFile(timetables,0,"bus.txt");
    while(1)
    {   int AdminChoice = AdminWindowSelect();
        switch(AdminChoice)
        {
        case 1:n = AddBus(timetables,n) ;WritetoFile(timetables,n,filename);
            system("pause");break;         //增加车次信息,并及时写到文件中
        case 2:ShowTimetable(timetables, n);system("pause");break; //浏览时刻表
        case 3:Query(timetables,n);system("pause");break; //车辆信息查询
        case 4:n = DelBus(timetables, n);system("pause");
            WritetoFile(timetables,n, filename); break; //注销车次,并及时写
到文件中
        case 5:WritetoFile(timetables,n,filename);
            return ; //返回上级菜单,并将信息保存回 bus.txt 文件
        }
    }
}
void PassagerMode(Timetable * timetables,char * filename)
{   char LogFileName[200];
```

```
        GenerateLogFileName(LogFileName); //根据当前日期生成日志名
        int n = InitializaionPassagerMode(timetables,LogFileName,filename);
        int PassagerChoice;
        while(1)
        {   switch(PassagerChoice = PassagerWindowSelect())
            {
            case 1:Query(timetables,n);system("pause");break; //车辆信息查询
              case 2: TicketOrder (timetables, n); WritetoFile (timetables, n,
LogFileName);
                    system("pause");break; //购买车票,并更改文件信息
              case 3: TicketDelete (timetables, n); WritetoFile (timetables, n,
LogFileName);
                    system("pause");break; //退回车票,并更改文件信息
            case 4:WritetoFile(timetables,n,LogFileName); system("pause");
                return ; //返回上级菜单
            }
        }
    }


    int MainWindowSelect() //主菜单实现(即用户选择窗口)
    {   //请仿照菜单设计练习实现本菜单}


    int AdminWindowSelect() //管理员菜单实现
    {   //请仿照菜单设计练习实现本菜单}


    int PassagerWindowSelect ( ) //普通顾客菜单实现
    {   //请仿照菜单设计练习实现本菜单}
```

2. 菜单功能处理函数

对应于菜单功能的每一项,编写处理函数(可能需要调用其他函数)。在处理函数中,给出一些必要的输入输出信息提示,并实现相应的功能。

初始时,可将菜单处理函数的函数体设置为空函数体,把程序框架搭好,然后逐步添加处理代码。

对应于菜单功能的每一项,参照前面给出的菜单功能描述。处理函数的原型和实现说明如下:

(1) void Signin():管理员用户登录函数。在此函数中,提示用户输入用户密码(默认用户名为 admin,密码为 123),若输入正确,则进入管理员窗口;如错误,则反复要求输入用户密码。注意:输入密码时要进行密码保护操作,即将输入的字母变成 * 号。

(2) int ReadFromFile(Timetable * timetables, int n, char * filename):从文件 filename 中导入数据。如果该文件无法打开,给出报错信息,程序退出。如果该文件存在,则

将文件中的数据读到数组 timetables 中,正确读取返回文件中包含车次的数目,否则返回-1。

(3) int AddBus(Timetable * timetables, int n):添加车次。首先给定要添加车辆的车次号,如果该车次号已经存在,则给出提示信息,并要求重新输入;如果该车次号不存在,依次输入该车次信息(发车时间(小时和分钟),固定的路线(起始站、终点站),大致的行车时间,固定的额定载客量),并返回该汽车站的车次总数。注:未生成当天日志文件前增加的车次当天有效,否则第二天有效

(4) int WritetoFile(Timetable * timetables, int n, char * filename):将数组 timetables 中的数据写入到 filename 中。正确写入返回非-1 的数。

(5) void ShowBusInfo(Timetable * timetables, int n, int idx):显示数组 timetables 中第 idx(下标)个元素的信息。

(6) void ShowTimetable(Timetable * timetables, int n);显示汽车站中所有车次信息,并按发车时间进行升序排序,在此函数中需要调用 ShowBusInfo(Timetable * timetables, int n, int idx)函数。

(7) void Query(Timetable * timetables, int n):查询操作,可以按车次和终点站分别进行查询。执行时,要求输入要查找的车次或是终点站名,然后调用 find()函数(重载)进行查找,若找到相应结果,则显示;若没有则给出提示。注意:当以终点站名查询时,结果可能为多条,此时要求按发车时间顺序进行输出。

(8) int find(Timetable * timetables, int n, char * no):按车次进行查询,若找到,则返回该车次所在数组中的下标;否则返回-1。

(9) int find(Timetable * timetables, int n, char * Last_station, int * b):按终点站名查询。若找到,则在 b 中记录终点站为 Last_station 的所有车次在数组中对应的下标,并返回该汽车站终点站为 Last_station 的车次数;否则返回-1。

(10) int DelBus(Timetable * timetables, int n):注销车次。输入要注销的车次号,如果不存在给出提示信息,否则询问是否注销该车次,是则删除整条记录,并返回该汽车站的车次总数。注意:未生成当天日志文件前注销当天有效,否则第二天有效。

(11) void GenerateLogFileName(char **LogFileName):根据当天日期生成日志名(如 2019-9-19.log)。

(12) int Initializaion PassagerMode(Timetable * timetables, char * LogFileName, char * filename):判断当天日志文件 LogFileName 是否存在,若不存在,则将 filename 中的内容读至 timetables 中(注意要将 sold_number 成员置为 0)并将 timetables 中的信息写入 LogFileName;若日志文件存在否则直接从 LogFileName 中读取数据至数组 timetables 中。

(13) void TicketOrder(Timetable * timetables, int n):购买车票。输入要购买的车次,如果该车次不存在,给出提示;如果该车次存在则输出该车次的信息。如果当前系统时间距发车时间少于 10 分钟或该车次票已全部售出,则提示不可买票;否则要求输入购买的车票数目,并判断剩余的票是否大于等于要购买的票数,如果是则可以买票,同时更改已售车票数。否则提示车票数不够。

(14) void TicketDelete(Timetable * timetables, int n):退票。输入要退票的车次,如果该车次不存在,给出提示;如果该车次存在则输出该车次的信息。如果当前时间距离发

车时间不足 10 分钟或售票数为 0,则提示不可退票;否则要求输入退票的数目,并判断售出的票是否大于等于要退的票数,如果是则给予退票,同时更改已售车票数,否则给出退票数目不对提示信息。

(15) int StopService(Timetable * timetables, int n, char * no);判断车次号为 no 的车的发车时间离当前时间是否小于 10 分钟或是小于当前时间,若是则返回 1,停止售票退票;否则返回 0。该函数需要获取系统当前时间,需要使用 localtime 函数获取。函数实现见样例。

(16) void SortbyTime(Timetable * timetables, int n):将 timetables 中的元素按发车时间进行升序排序。

(17) int Quit():询问是否要退出整个系统(y/n)输入 'y' 或 'Y' 时返回 1,否则返回 0。

3. StopService()函数实现样例

```
int StopSevice(Timetable * timetables, int n, char * no)    //判断是否停止售退
票,1:停止;0:不停止
{    struct tm * local;         //时间结构体
     time_t t;   //把当前时间给 t
     t = time(NULL);
     local = localtime(&t);          /////获取当前系统时间
     int i = find(timetables, n, no);
     if ((local -> tm_hour * 60 + local -> tm_min) + 10 < (timetables[i].hour
* 60 + timetables[i].minute))
          return 0;
     return 1;
}
```

五、其他说明

1. 应完成上述规定的基本功能。

2. 可根据需要增加或修改功能,如果完成得好,可加分。增加的功能例如:

(1) 管理员将每个月的所有日志信息进行汇总分析,统计某班次车辆一个月的信息,计算上客率等。

(2) 在显示多个车辆信息时(如管理员账户显示全部信息)对数据进行其他标准(如按终点站名)的排序。

(3) 自行设计增加其他功能。

3. 本题目也可以使用通过类的定义对数据及相应操作进行封装来实现。

选题二:民航飞行与地图简易管理系统

一、程序菜单功能

地图记录是一个数据库列表,每一个记录包含一个城市的信息如城市编号、城市名称和城市坐标等信息,如下表所示。

地图信息列表

城市编号	城市名称	城市坐标 x	城市坐标 y	城市之间的距离等……
1001	南京	50	60	
1002	北京	40	10	
1003	杭州	55	65	
...				

主菜单如右下图所示。程序执行过程:显示主菜单,用户在"请输入选择:"处输入选项(按照功能列表输入 1~10,0 中的一个数字),按回车后,执行相应的功能。

各菜单项功能及内部实现如下:

1. 增加城市信息

输入城市编号、城市名称、城市坐标等信息,在城市列表尾部追加一条记录。此功能用于建立地图数据,一次只能追加一个城市信息。

2. 删除城市信息

输入一个城市的编号(城市编号是城市的唯一标识,即一个编号对应一个城市,不同的城市,编号不同),首先在地图列表中查询该城市是否存在,若存在,则显示该城市信息,并提问是否删除该城市,根据回答(y/n)确定是否删除该城市;若不存在,提示该城市不存在。

3. 修改城市信息

输入一个城市的编号,在地图列表中查询该城市是否存在,若存在,则显示该城市信息。请用户输入新的城市编号、城市名称、城市坐标等信息,使用新的城市信息修改原来的城市信息。

4. 保存城市信息至文件

提示用户输入一个文件名,如用户输入map.txt,然后系统自动将地图信息列表中全部城市的信息写入该正文文件,文件格式如下:

```
1. 增加城市信息
2. 删除城市信息
3. 修改城市信息
4. 保存城市信息至文件
5. 从文件读取城市信息
6. 显示所有城市信息
7. 设置飞机信息
8. 显示飞机信息
9. 判断起飞飞机是否可以刹车
10. 查询飞机雷达半径内所有城市信息
0. 退出
请输入选择:
```

第1行表示共有2个城市,从第2行开始,每行是一个城市的信息。

2			
1004	北京	55	30
1005	上海	60	52

5. 从文件读取城市信息

用户输入一个文件名,系统自动将该文件中的城市记录追加到地图信息列表中。本功能可实现一次性从数据文件追加多个城市的记录,而功能1一次只能追加一个城市的记录。

在执行本功能前,请准备好正文文件,文件名请自行给出如 map.txt,文件格式如功能4所示,与导入文件格式相同,每行是一个城市的信息。

6. 显示所有城市信息

显示地图信息列表中所有城市的信息,每行显示一个城市的信息。

7. 设置飞机信息

输入飞机编号、飞机名称、飞机重量(吨)、飞机当前的坐标位置等信息,后续将使用飞机信息和地图信息进行综合计算。

8. 显示飞机信息

在一行中显示当前飞机的所有信息,目前系统只存储一架飞机的信息。

9. 判断起飞飞机是否可以刹车

在以往的飞机起飞过程中,由于某些问题需要停止起飞,飞行员可以选择立刻刹车或者起飞后重新降落的不同方案。但是由于飞行员不能根据当前的飞机速度,飞机重量和跑道的剩余长度进行精确计算,只能凭经验估计来选择飞机停下的方案。导致了不少由于刹车距离超过跑道剩余长度,飞机在刹车后冲出跑道的事故。现代民航飞机上都有刹车判断辅助系统,由计算机根据采集的数据自动进行是否刹车的判断,大大提高了飞行的安全性。

本功能由于没有信号采集传感器,需要用户输入当前飞机的速度和跑道剩余距离,然后结合飞机自身的重量进行是否刹车的判断。计算公式简化后为:飞机重量(吨)*当前飞机的速度(公里/小时)/5<跑道剩余的距离(米)。

10. 查询飞机雷达半径内所有城市信息

根据飞机当前的坐标位置,要求用户输入雷达的扫描半径,扫描地图信息列表中所有的城市坐标。计算出飞机坐标与每一个城市坐标之间的距离,距离小于雷达扫描半径的城市,显示城市的所有信息,每行显示一个城市的信息。

0. 退出

二、数据结构说明

1. 定义一个类 City 用于表示一个城市的各种信息

类名: City   // 城市信息记录。

　　　　　　　// 成员函数的实现可仿照实验十第4~5题,即学生类 Student 的实现。

私有数据成员：

(1) number   //城市编号,字符数组

(2) name   //城市名称,字符数组

(3) x   //城市坐标 x,整型量

(4) y   //城市坐标 y,整型量

(5) … …   //可根据需要添加其他属性,如动态数组 distance,存储当前城市与其他城市之间的距离

公有成员函数：

(1) City(...);   //构造函数,各参数均有缺省值

(2) void show(…);   //显示一个城市的信息

(3) void setNumber(int num);   //设置城市编号

(4) void setName(char *na);   //设置城市名称

(5) void setPosition(int xpos, int ypos);   //设置城市坐标

(6) char *getName();   //读取城市名称

(7) int getNum();   //读取城市编号

(8) int getX();   //读取城市 x 坐标

(9) int getY();   //读取城市 y 坐标

(10) … …   //可根据需要添加其他公有函数接口

2. 定义一个类 Map,用于表示多个城市的信息记录

本类的实现可仿造实验八第 2 题和实验十第 6 题(教材例 10.15),将两题结合起来。

实验八第 2 题图书信息列表是使用结构体数组实现的,数组元素是结构体变量,在 Map 类中将其改为 City 类的对象,用对象数组存储多个城市的信息记录。

实验十第 6 题是将教材例 10.15 的线性表元素由整型量改为字符型量,而在 Map 类中的线性表是对象数组,数组的每个元素都是 City 类型的对象,表示一个城市的信息,多个城市的信息记录存入该数组。

数据结构如下图所示,mapObj 是 Map 类的一个对象。

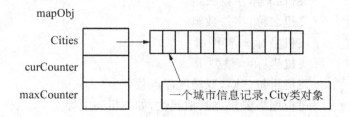

实现如下：

类名: Map   //地图信息列表,即线性表类

私有数据成员：

(1) cities   //City 类型指针,即线性表的首指针,指向一个动态申请的对象数组,每个元素是一个城市的信息记录。数组相当于 Citiess[maxCounter]。

(2) curCounter   //现有城市记录数,整型量

(3) maxCounter   //线性表最大长度,整型量

公有成员函数:

(1) Map(int maxc = 10);   //构造函数,初始化城市信息列表,即动态申请线性表空间

(2) Map(Map &m);   //拷贝构造函数,Map 类型作为函数参数类型时,正确处理参数传递

(3) ~ Map();   //析构函数,释放线性表空间

(4) double Distance(int x1, int y1, int x2, int y2);

            //计算两个坐标点之间的距离

(5) void AddCity(int num, char * na, int x, int y);

            //增加一个城市信息,输入城市坐标、城市编号和城市名称

(6) void DeleteCity(int num);   //根据城市编号删除城市信息

(7) void SaveCity();   //保存城市信息进入文件

(8) void ReadCity();   //读取文件中的城市信息

(9) void UpdateCity(int num);   //根据城市编号修改城市信息

(10) int FindCity(int num);   //根据城市编号查询城市信息

(11) void ShowCities();   //显示全部城市信息

(12) int GetCurCounter();   //读取当前城市数量

(13) int GetPostionX(int num);   //根据城市编号读取城市坐标 x

(14) int GetPostionY(int num);   //根据城市编号读取城市坐标 y

(15) void ShowCity(int num);   //根据城市编号显示对应的城市信息

(16) ……   //可根据需要添加其他公有函数接口

3. 定义一个类 Plane 用于表示一架飞机的各种信息

类名: Plane   //飞机信息记录。

            //成员函数的实现可仿照实验十第4~5题,即学生类 Student 的实现。

私有数据成员:

(1) number   //飞机编号,字符数组

(2) name   //飞机名称,字符数组

(3) x   //飞机坐标 x,整型量

(4) y   //飞机坐标 y,整型量

(5) weight   //飞机重量(吨),双精度浮点数

(6) ……   //可根据需要添加其他属性,如飞机高度等

公有成员函数:

(1) Plane(...);   //构造函数,各参数均有缺省值

(2) void show(…);   //显示一架飞机的信息

(3) int CanBrake(double sp, double reDistance);

            //判断当前是否可以刹车,判断公式为:重量(吨) * 速度 (公里/小时)/5 <跑道剩余距离(米)

（4）void RadarFind(double radarRadius, Map m);

　　　　　　　　　　//根据当前坐标和雷达半径,扫描地图信息,将半径内的

　　　　　　　　　　城市显示出来

（5）void SetPlane(int num, char * na, double w, int xpos, int ypos);

　　　　　　　　　　//设置一个飞机信息

（6）……　　　　　　//可根据需要添加其他公有函数接口

3. 数据文件

　　数据文件中的信息是可以永久保存的,而内存中的信息当程序结束后就不存在了。本课设用 map.txt 文件模拟实现"数据库（即数据文件）",数据库中存储的是地图记录数据库列表,可永久保存。当程序运行时,所有的城市记录信息从数据库搬入内存,即存储在内存中的 mapObj 的成员对象数组（线性表）cities[]中。当程序结束运行时,所有的图书库存记录信息均由内存搬到（存储到）数据文件 map.txt 中,下次运行时再次调入到内存的线性表中。

　　上述两类文件的格式可用统一格式,如前面功能 7 描述中给出的格式。

三、课程设计实现说明

1. 定义并实现 City 类。本类的实现仿照实验十第 4～5 题。
2. 定义并实现 Map 类。本类的实现仿照教材例 10.15 以及实验八第 2 题。
3. 定义并实现 Plane 类。本类的实现仿照实验十第 4～5 题。
4. 定义主函数,在主函数中定义一个 Map 类对象 mapObj 和一个 Plane 类对象 planeObj,所有的菜单操作都是针对这两个对象执行的。
5. 在主函数中仿照上述菜单设计练习,给出本题的菜单实现。

　　可将菜单设计练习中的"cout <<" Function1"<< endl;"等替换成调用每一个菜单功能的实现函数,函数功能全部都是通过间接调用 mapObj 对象和 planeObj 对象的成员函数来实现。

6. 对应于每个菜单功能的实现函数参见"四、部分函数代码提示"。

四、部分函数代码提示

1. 主函数以及菜单函数的定义:

```
int menu_select( ); //函数声明
void main()
{
    Map mapObj;              //定义地图对象
    Plane planeObj;          //定义飞机对象
    int sel;
    booksObj. initBookList();
            //将数据库 bookdata. txt 中的信息读入到 booksObj 线性表中
```

```
        for( ; ; )
        {
            switch(sel = menu_select( ))
            {
            case 1:     appendCity(mapObj);
                        system("pause");break;
            case 2:     delCity(mapObj);
                        system("pause");break;
            case 3:     updCity(mapObj);
                        system("pause");break;
            case 4:     SaveToFile(mapObj);
                        system("pause");break;
            case 5:     ReadFromFile(mapObj);
                        system("pause");break;
            case 6:     ShowAllCities(mapObj);
                        system("pause");break;
            case 7:     AddPlane(planeObj);
                        system("pause");break;
            case 8:     ShowPlane(planeObj);
                        system("pause");break;
            case 9:     Brake(planeObj);
                        system("pause");break;
            case 10:    //输入新飞机信息
                        system("pause");break;
            case 0:
                if(Quit(mapObj)! = 'y')
                    continue;
            }
            if(sel == 0)break;
        }
    }
    int menu_select( )  //菜单实现
    {
        //请仿照菜单设计练习实现本菜单
    }
```

2. 菜单功能处理函数

对应于主菜单功能的每一项,编写一个处理函数。注意,这些处理函数不是类的成员函数,它们的参数都是 mapObj 对象和 planeObj 对象的引用。在处理函数中,完成一些输入输出信息的提示,并通过 mapObj 对象和 planeObj 对象调用类的成员函数完成相应的功能。

初始时,可将菜单处理函数的函数体设置为空函数体,把程序框架搭好,然后逐步添加处理代码。

对应于主菜单功能的每一项,参照前面给出的菜单功能描述,其处理函数的原型和实现说明如下:

(1) void appendCity(Map &mapObj); //追加城市记录

实现:提示用户输入城市信息,然后通过 mapObj 对象调用 AddCity() 成员函数将输入的城市信息追加到线性表尾部。

(2) void delCity(Map &mapObj); //删除城市记录

实现:提示用户输入城市编号,然后通过 mapObj 对象调用 DeleteCity() 成员函数查询到城市编号对应的数据存在后,实际删除对应的城市信息。

(3) void updCity(Map &mapObj); //修改城市记录

实现:提示用户输入城市编号,然后通过 mapObj 对象调用 UpdateCity() 成员函数查询到城市编号对应的数据存在后,实际修改对应的城市信息。

(4) void SaveToFile(Map &mapObj); //保存城市信息,写入磁盘文件

实现:通过 mapObj 对象调用 SaveCity() 成员函数,提示用户输入存盘文件名,按照文件格式将所有城市信息写入磁盘文件中。

(5) void ReadFromFile(Map &mapObj); //从磁盘文件读取城市信息

实现:通过 mapObj 对象调用 ReadCity() 成员函数,提示用户输入磁盘文件名,按照文件格式从磁盘文件读取城市信息,加入地图信息列表中。

(6) void ShowAllCities(Map &mapObj); //显示全部城市信息

实现:通过 mapObj 对象调用 ShowCities() 成员函数,显示当前地图信息列表中所有的城市信息。

(7) void AddPlane(Plane &planeObj); //输入飞机信息

实现:提示用户输入飞机信息,通过 planeObj 对象调用 SetPlane() 成员函数将输入的信息写入飞机对象中。

(8) void ShowPlane(Plane &planeObj); //显示飞机信息

实现:通过 planeObj 对象调用 show() 成员函数,显示当前飞机对象中的各种信息。

(9) void Brake(Plane &planeObj); //判断起飞时是否可以刹车

实现:输入当前飞机的速度和剩余跑道的长度,结合当前飞机自身的重量,通过 planeObj 对象调用 CanBrake() 成员函数。根据返回值输出对应的结果,返回 0 显示不可以刹车,返回 -1 显示没有飞机信息,返回 1 显示可以刹车。

(10) void RadarSearch(Plane &planeObj); //显示在飞机雷达范围内的城市信息

实现:输入当前飞机的雷达扫描半径,通过 planeObj 对象调用 RadarFind() 成员函数,显示在雷达扫描半径内所有的城市信息。

(0) char Quit(Map &mapObj); //退出

实现:提示用户是否确定退出,若回答 y,则通过 mapObj 对象调用 SaveCity() 将所有城市信息写入磁盘文件中,返回用户的回答信息字符 'y' 或 'n'。

五、其他说明

1. 应完成上述规定的基本功能。

2. 可根据需要增加或修改功能,如果完成得好,可加分。增加的功能例如:

(1) 计算并存储各个城市之间的距离。

(2) 输入经过以及最终目的地城市名称或者城市编号,自动生成经过的最短路径。

(3) …… 自行设计增加其他功能,注意增加的功能是针对地图信息列表以及飞机飞行的操作,不能增加如系统进入口令等"花架子"的功能。

3. 在调试程序时,可简化数据输入,如:1 a 1 2分别表示城市编号、城市名称、城市坐标 x 和城市坐标 y。当程序调试完毕,再使用正式数据运行系统。

第四部分

笔试样卷及答案

试卷样卷

试卷总分:125 分(最终折算成100 分),题型:2 种

一、单选 共 40 题(每小题 2 分,共计 80 分)

1. C++对 C 语言做了很多改进,下列描述中_____使得 C 语言发生了质变,即从面向过程变成面向对象。

A) 增加了一些新的运算符 B) 允许函数重载,并允许设置默认参数

C) 规定函数说明必须用原型 D) 引进类与对象的概念

2. 下列标识符能做C++标识符的是_____。

A) 1841quanzhan B) −score C) Class D) gpa4.0

3. 下列C++运算符中,优先级最高的是_____。

A) + B) * C) <= D) *=

4. 设 int x = 2,y = 4,z = 7;则执行 x＝y −−<= x‖x＋y != z 后 x,y 的值分别为_____。

A) 0,3 B) 1,3 C) 2,3 D) 2,4

5. 下列关于变量数据类型转换的描述中,错误的是_____。

A) 如果 a 为 int 型变量,b 为 char 型变量,则 a+b 的值为 int 型

B) 如果 a 为 float 型变量,b 为 int 型变量,则 a−b 的值为 double 型

C) 如果 a 为 double 型变量,b 为 float 型变量,则 a * b 的值为 double 型

D) 如果 a 为 int 型变量,b 为 int 型变量,则 a/(double)b 的值为 int 型

6. 下列程序的输出结果是_____。

```
# include < iostream >
using namespace std;
int main()
{    int x = 0x23;
     cout <<−− x;
     return 0;
}
```

A) 23 B) 22 C) 17 D) 34

7. 执行如下语句序列,不可能出现的情况是_____。

```
int x;
cin >> x;
if(x>250) cout << 'A';
if(x<250) cout << 'B';
else cout << 'A';
```

A) 显示:A B) 显示:B C) 显示:AB D) 显示:AA

8. C++的 break 语句_____。

A) 可用在能出现语句的任意位置   B) 只能用在循环体内

C) 能用在任一复合语句中   D) 只能用在循环体内或 switch 语句中

9. 下列 do... while 循环的次数是_____。

int x = -1;

do

{ x = x * x; } while(!x);

A) 无限   B) 1   C) 2   D) 0

10. 下列关于 break 语句描述中,_____是错误的。

A) break 语句可用于 if 语句体内,它将退出 if 语句

B) break 语句可用于循环体内,它将退出该重循环

C) break 语句可用于 switch 语句中,它将退出 switch 语句

D) break 语句在一个循环体内可以出现多次

11. 关于函数的调用下面正确的是_____。

A) f 函数调用 f1 函数,f1 函数调用 f2 函数,称为函数的递归调用

B) 函数可以嵌套定义,也可以嵌套调用

C) 一个函数可以自己调用自己,称为函数的嵌套调用

D) 函数返回时可以不带返回值,这时函数在定义时其返回值的类型用 void 表示

12. 下列程序的输出结果是_____。

```cpp
# include < iostream >
using namespace std;
long fib(int g)
{   switch ( g )
    {    case 0 : return 0;
         case 1 : case 2 : return 1;
    }
    return (fib(g - 1) + fib(g - 2));
}
int main( )
{   long k;
    k = fib(4);
    cout <<"k = "<< k << endl;
    return 0;
}
```

A) k=5   B) 5   C) 3   D) k=3

13. 下列设置函数参数默认值的说明语句中,错误的是_____。

A) int fun(int x , int y = 10)   B) int fun(int x = 5, int = 10)

C) int fun(int x = 5, int y)   D) int fun(int x , int y = a + b)

14. 如果在一个函数中的复合语句中定义了一个变量,则下列有关该变量的说法正确

的是_____。

A) 该变量在本程序范围内均有效

B) 该变量从定义处开始一直到本程序结束有效

C) 该变量在该函数中有效

D) 该变量只在该复合语句中有效

15. 下列函数的功能是用辗转相除法求两个整数的最大公约数,空白处应填入的是_____。

```
int gcd(int m, int n)
{   int r;
    r = m % n;
    while(_____)
    {   m = n;
        n = r;
        r = m % n;
    }
    return n;
}
```

A) r B) !r C) r == 0 D) ~r

16. 下列叙述中错误的是_____。

A) 预处理命令行必须以"#"开始

B) 预处理命令行末尾没有分号

C) C++程序在执行过程中对预处理命令行进行处理

D) "#define S"是正确的宏定义

17. 已知有声明 int a[10];,下列对 a 数组元素的正确引用是_____。

A) a[10] B) a[2.5] C) a(5) D) a[10 - 10]

18. 下面选项中等价的是_____。

A) int a[2][3] = {1,0,2,2,4,5}与 int a[2][] = {1,0,2,2,4,5}

B) int a[][3] = {1,0,2,2,4,5}与 int a[2][3] = {1,0,2,2,4,5}

C) int a[2][3] = {3,4,5}与 int a[][3] = {3,4,5}

D) int a[2][3] = {0,1}与 int a[2][3] = {{0},{1}}

19. 在下列对字符数组进行初始化中,_____是错误的。

A) char s1[] = "abcd"; B) char s2[3] = "xyz";

C) char * p = "hello"; D) char s3[2][4] = {"xyz", "mnp"};

20. 下列关于数组概念的描述中,错误的是_____。

A) 数组中所有元素类型是相同的

B) 数组定义后,它的元素个数是可以改变的

C) 数组在定义时可以被初始化,也可以不被初始化

D) 数组元素的个数与定义时的每维大小有关

21. 若有以下说明语句:

```
struct data
{   int i;
    double f;
    char ch ;
} b ;
```

则按理论上计算,结构变量 b 占用内存的字节数为_____。

A) 1   B) 2   C) 8   D) 13

22. 已知枚举类型声明语句为:

enum COLOR{ WHITE, YELLOW, GREEN = 5, RED, BLACK = 10 };

则下列说法错误的是_____。

A) 枚举常量 WHITE 的值为 1   B) 枚举常量 RED 的值为 6

C) 枚举常量 BLACK 的值为 10   D) 枚举常量 YELLOW 的值为 1

23. 已知:int m = 10;下列表示引用的方法中,_____是正确的。

A) int &x = m;   B) int &y = 10;

C) int &z;   D) float &t = &m;

24. 对数组名作函数的参数,下面描述正确的是_____。

A) 数组名作函数的参数,调用时将实参数组复制给形参数组

B) 数组名作函数的参数,主调函数和被调函数共用一段存储单元

C) 数组名作参数时,形参定义的数组长度不能省略

D) 数组名作参数,不能改变主调函数中的数据

25. 若有定义 char * st = "how are you";下列程序段中正确的是_____。

A) char a[11], * p; strcpy(p = a + 1, &st[4]);

B) char a[11]; strcpy(++ a, st);

C) char a[11]; strcpy(a, st);

D) char a[], * p; strcpy(p = &a[1], st + 2);

26. 下列有关 new 和 delete 运算符的描述中,错误的是_____。

A) new 运算符分配的空间一般用 delete 运算符撤销

B) 当用于删除数组时,在 delete[]后面直接跟数组首指针

C) new 运算符分配整型数组空间时不能为数组元素指定初值

D) 对一个指针指向的同一个内存空间只能使用一次 delete

27. 下列程序的输出结果是_____。

```
#include < iostream >
using namespace std;
struct data
{
    int x, y;
}d[2] = {2,4,6,8};
int main( )
{   data * p = d;
```

```
cout <<++p->x << '\t' <<++p->y << endl;
return 0;
}
```
A) 6 8   B) 2 4   C) 8 2   D) 3 5

28. 在C++中,用类将数据和对数据操作的代码结合在一起称为_____。

A) 软件重用   B) 封装   C) 集合   D) 多态

29. 有如下类定义

```
class A
{   int x;
protected:
    int y;
public:
    int z;
    A( ):x(0),y(0){ }
    int GetX( ){return x;}
    void SetX(int x){A::x = x;}
} obj;
```

已知 obj 是类 A 的对象,下列语句中错误的是_____。

A) obj.y;   B) obj.z;   C) obj.GetX( );   D) obj.SetX(0);

30.
```
#include <iostream>
using namespace std;
class DATA
{   DATA(int a, int b)   //1
    {   x = a;
        y = b;
    }
    void show()
    { cout << x << y << endl;} //2
private:
    int x, y;
};
int main( )
{   DATA obj(1,2);   //3
    obj.show( );     //4
    return 0;
}
```

关于该程序,下述描述中正确的是_____。

A) 第 1 行开始的构造函数定义语法有错误

B) 第 2 行中不能直接访问 x 和 y

C) 第 3 行建立 obj 对象时,无法调用构造函数

D) 第 4 行 obj 可以调用 show( )函数

31. 下列程序的输出结果是_____。

```cpp
class Sample
{   char c;
public:
    ~ Sample( ) { cout << c; }
    Sample( ) { c = '1' ; cout << c; }
    Sample(int ch) { c = ch; cout << c; }
    Sample(Sample &s) { c = s.c; }
};
void fun(Sample c) { cout << '2'; }
int main( )
{   Sample * p = new Sample('4');
    Sample c1, c2('3');
    fun(c1);
    delete p;
    return 0;
}
```

A) 4321431　　　　　B) 4132431　　　　　C) 41321431　　　　　D) 413241

32. 以下描述中,错误的是_____。

A) 定义内联函数一定要用关键字 inline

B) 友元函数的目的是提高程序的执行效率

C) 若 fun 函数调用 fun 函数,则是函数的递归调用

D) 若局部变量的存储类别是 static,则表示它存储在静态存储区

33. 关于静态成员,以下描述错误的是_____。

A) 类外初始化静态数据成员,不需要加 static

B) 类外初始化静态数据成员,若不给初值,则初始化为 0

C) 通过对象或类名,在类外均可以访问公有的静态成员

D) 通过对象或类名,在类外均可以访问私有的和公有的静态成员

34. 不属于类的成员函数的是_____。

A) 构造函数　　　　B) 析构函数　　　　C) 友元函数　　　　D) 拷贝构造函数

35. 下列代码段声明了 3 个类

```cpp
class B { /* 类体省略 * /};
class D1: public B { /* 类体省略 * /};
class D2: D1 { /* 类体省略 * /};
```

则关于这些类之间关系的描述中,正确的是_____。

A) 类 D2 保护继承类 D1　　　　　　　　　B) 类 D2 公有继承类 D1

C) 类 D2 私有继承类 D1　　　　　　　　　D) 类 D2 的定义语法有错

36. 有如下程序：

```cpp
#include <iostream.h>
class Base
{   int x;
public:
    Base(int n = 0) { x = n; cout << x; }
};
class Derived: public Base
{   int y;
public:
    Derived(int m, int n): Base(n) { y = m; cout << y; }
    Derived(int m) { y = m; cout << y; }
};
int main( )
{   Derived d1(3), d2(5,7);
    return 0;
}
```

运行时的输出结果是_____。

A) 375　　　　　　B) 357　　　　　　C) 0375　　　　　　D) 0357

37. 以下程序的输出是_____。

```cpp
class Point
{
protected:
    int x, y;
public:
    Point(int x = 0, int y = 0): x(x), y(y){ cout << x << y; }
};
class Circle: public Point
{   int r;
public:
    Circle(int a = 1, int b = 1, int c = 1)
    { x = 2; y = 3; r = c; cout << x << y << r; }
};
int main( )
{   Circle c;
    return 0;
}
```

A) 231　　　　　　B) 00231　　　　　　C) 23100　　　　　　D) 001

38. 下列关于虚基类的描述中，错误的是_____。

A) 使用虚基类可以消除由多重继承产生的二义性

B) 建立派生类对象时,虚基类的构造函数只被调用一次

C) 声明"class B : virtual public A"说明类 B 为虚基类

D) 建立派生类对象时,首先调用虚基类的构造函数

39. 以下程序的输出是_____。

```cpp
void fun( int n, char * s)
{   int i = 0, t;
    while(n)
    {    s[i] = n % 8 + '0';
         n = n/8;
         i++;
    }
    s[i] = '\0';
    n = i;
    for(i = 0; i < n/2; i++ )
        t = s[i], s[i] = s[n-i-1], s[n-i-1] = t;
}
int main()
{   char s[20];
    fun(15, s);
    cout << s << endl;
    return 0;
}
```

A) 15   B) 51   C) 17   D) 71

40. 对于语句 cout << endl << x;中各个组成部分,下列叙述中错误的是_____。

A) cout 是一个输出流对象   B) endl 的作用是输出回车换行

C) x 是一个变量   D) << 称为提取运算符

二、程序设计　共 3 题 (共计 45 分)

第 1 题(15.0 分)

```
/*------------------------------------------------
```

【程序设计】

```
------------------------------------------------
```

调用递归函数求出并输出 Fibonnaci 数列的前 n 项,n 由键盘输入,每行输出 5 个数。注意输出的是前面共 n 项,而不是第 n 项。请区分这个 n 和下述公式中的 n。

递归函数 int fib(int n)求数列的第 n 项。

递归公式为:(递归公式亦可参见图片)

fib(n) =   1   n = 1

fib(n) =   1   n = 2

fib(n) = fib(n-1) + fib(n-2)   n≥3

要求:在主函数中输入 n,循环 n 次,循环变量 i 从 1 变化到 n,每次调用 fib 函数求出第 i 项的值。

答案必须写在各个 ∗∗∗Program∗∗∗ 和 ∗∗∗End∗∗∗ 范围之内,范围之外的代码不能修改

```
----------------------------------------------------------*/
# include <iomanip>
# include <iostream>
using namespace std;

int fib(int n)
{
    /********** Program ********** /


    /*********   End   ********** /
}
int main()
{
    /********** Program ********** /


    /*********   End   ********** /
    return 0;
}
```

第 2 题(15.0 分)

```
/*----------------------------------------------------------
```

【程序设计】

```
----------------------------------------------------------
```

写出冒泡法排序算法的程序。

要求:

在主函数中,输入 10 个整数存于数组 a[10]中,然后调用冒泡法排序函数 bubble_sort()进行排序,在主函数中输出排序后的结果数组元素。

答案必须写在各个 ∗∗∗Program∗∗∗ 和 ∗∗∗End∗∗∗ 范围之内,范围之外的代码不能修改

```
----------------------------------------------------------*/
# include <iostream>
using namespace std;

void bubble_sort(int a[], int n)
```

```
{
    /********** Program ********** /



    /**********    End    ********** /
}
int main( )
{
    /********** Program ********** /



    /**********    End    ********** /
    return 0;
}
```

第 3 题 (15.0 分)

```
/*-------------------------------------------------------------
```
【程序设计】
```
    -------------------------------------------------------------
```

定义描述平面直角坐标系上的圆类 Circle,以 Circle 作为基类,派生出圆柱体类 Cylinder 要求完成以下内容:

两个"类"成员的构成如下:

(1) 圆类 Circle:

保护的数据成员:

int x, y;存放圆心坐标。

int radius;半径

公有成员函数:

① 构造函数,三个参数的缺省值均为 0,用于初始化 x、y 和 radius

② 拷贝构造函数

③ double area();计算圆的面积

④ void show();显示圆心坐标、半径和面积

(2) 圆柱体类 Cylinder:公有继承 Circle 类

保护的数据成员:

int height;圆柱体的高度//已给出

公有成员函数:

① 构造函数,四个参数的缺省值均为 0,用于初始化 x、y、radius 和 height,基类成员的初始化必须调用基类的构造函数完成。

② 拷贝构造函数,基类成员的初始化必须调用基类的构造函数完成。

答案必须写在各个 *** Program *** 和 *** End *** 范围之内,范围之外的代码不能修改

```
----------------------------------------------* /
# include < iostream >
# include < cmath >
using namespace std;
# define PI    3.1415926
/********** Program ********** /
//定义圆类:Circle


/********** End   ********** /
class Cylinder : public Circle
{
protected :
        int height;  //高度
public:
        /********** Program ********** /
        //定义 Cylinder 的两个构造函数


        /********** End   ********** /
        double volume( )
        {
            return area( ) * height;
        }
        void show( )
        {   Circle::show( );
            cout << "height:" << height << '\n';
            cout << "volume:" << volume() << '\n';
        }
};
int main()
{   Cylinder c1(0,0,1,2);
    Cylinder c2(c1);
    c2.show();
    c1.show();
    return 0;
}
```

试卷答案

一、选择题答案

1～5　DCBBD　　　6～10　DCDBA　　　11～15　DDCDA　　　16～20　CDBBB

21～25　DAABA　　26～30　BDBAC　　31～35　CADCC　　　36～40　CBCCD

二、编程题答案及评分标准

1.

```cpp
# include <iomanip>
# include < iostream >
using namespace std;
int fib( int n)
{    /********** Program ********** /
    if (n == 1 || n == 2)                    //2分
        return 1;                            //2分
    else
        return fib(n - 1) + fib(n - 2);      //4分
    /**********   End   ********** /
}


int main()
{    /********** Program ********** /
    int i, n, m = 0;                                 //1分
    cout << "输入要求的 Fibonacci 数列的项数: ";
    cin >> n;                                        //1分
    for (i = 1; i <= n; i++)                          //1分
    {   cout << setw(10) << fib(i);                   //2分
        if (++ m % 5 == 0) cout << endl;             //2分
    }
    /**********   End   ********** /
    return 0;
}
```

2.

```cpp
# include < iostream >
using namespace std;
void bubble_sort(int a[ ], int n)              //排序函数总 8 分
{    /********** Program ********** /
```

```
    int i, j, t;                                    //1分


    for(i = 0; i<n - 1; i++)                        //双重循环4分
        for(j = 0; j<n - 1 - i; j++)
            if(a[j]>a[j + 1])                       //条件判断1分
            {    t = a[j];   a[j] = a[j + 1];   a[j + 1] = t;   }  //数据交换2分
    /********** End **********/
}


int main( )    //主函数总7分
{    /********** Program **********/
    int a[10], i;                                   //1分


    cout << "请输入" << 10 << "个数: " << endl;
    for(i = 0; i < 10; i++)                         //输入2分
        cin >> a[i];


    bubble_sort(a, 10);                             //2分


    cout << "排好序的数为:" << endl;
    for(i = 0; i < 10; i++)                         //输出2分
        cout << a[i] << '\t';
    cout << endl;
    /********** End **********/
    return 0;
}
```

3.

```
#include < iostream >
#include < cmath >
using namespace std;
#define PI   3.1415926
/********** Program **********/
//定义圆类:Circle
class Circle
{
protected :                                         //1分
    int x, y, radius;                               //1分
public:
    Circle(int a = 0, int b = 0, int r = 0)         //3分
```

```cpp
    {   x = a;
        y = b;
        radius = r;
    }
    Circle(Circle &c)                                    //2分
    {   x = c.x;
        y = c.y;
        radius = c.radius;
    }
    double area( )  {   return PI * radius * radius; }   //2分
    void show( )                                         //2分
    {
        cout << "point(" << x << ',' << y <<")" << '\n';
        cout << "radius:" << radius << '\n';
        cout << "area:" << area() << '\n';
    }
};
/*********   End   ********* /


class Cylinder : public Circle
{
protected :
    int height;
public:
    /**********Program********** /
    //定义 Cylinder 的两个构造函数
    Cylinder(int a = 0, int b = 0, int r = 0, int h = 0):Circle(a,b,r),height(h)
{ } //2分

    Cylinder(Cylinder &cy):Circle(cy)                    //2分
    //函数头或者 Cylinder(Cylinder &cy):Circle(cy.x, cy.y, cy.radius)
    {
        height = cy.height;
    }
    /*********   End   ********* /

    //以下省略
};
//主函数省略
```

附录 A　要求掌握的基本算法

备注:实验中已出现的题目,这里不给程序;未出现的,这里给程序。

1. 分段函数的计算(如数学分段函数、一元二次方程求解)。

2. 多项式累加和、累乘积:(1) 根据通项大小结束;(2) 规定循环次数。

3. 求素数:(1) 求某范围内的素数;(2) 验证哥德巴赫猜想。

4. 牛顿迭代求 a 的平方根。

迭代公式为 $x_{n+1} = \dfrac{1}{2}\left(x_n + \dfrac{a}{x_n}\right)$,要求前后两次求出的 x 的差的绝对值小于 10^{-5}。

```cpp
#include <iostream>
using namespace std;
int main()
{   float a, x0, x1;
    cin >> a;
    x0 = a/2;
    x1 = (x0 + a/x0)/2;
    do
    {    x0 = x1;
         x1 = (x0 + a/x0)/2;
    } while(fabs(x1 - x0) >= 1e - 5);
    cout << "The square root of " << a << " is " << x1 << endl;
    return 0;
}
```

5. 求最大公约数、最小公倍数。

求最大公约数算法:(1) 根据数学定义;(2) 用辗转相除法;(3) 大数减小数直至两数相等。

求最小公倍数算法:(1) 根据数学定义;(2) 两个数的乘积除以最大公约数。

6. 数的分解(硬性分解、循环分解、递归实现分解)。

常见例子:(1) 对 n 位数正向、逆向输出;(2) 求某范围内的满足一定条件的数,如 n 位逆序数、3 位数的水仙花数;(3) 磁力数中数的分解,分解到数组元素中。

7. 数的合并(类似于乘权求和)。

例 1:磁力数中数的合并。已知 int a[10], k, i, num;数组 a 中有 k 个元素 a[0]、a[1]、…、a[k-1],其中 a[0]是最高位、a[k-1]是最低位(个位),将 a[0]到 a[k-1]合并成一个整数 num,程序段如下:

```cpp
num = 0;
for(i = 0; i<k; i++)
```

```
            num = num * 10 + a[i];
```

例2:编写程序,将一个十六进制的数字符串转换成相应的十进制整数。如字符串"A5",对应的与其等值的十进制数为 165。

```
# include < iostream >
using namespace std;
int htod(char *);    //函数原型声明
int main( )
{   char s[80] = "A5";
    cout << htod(s)<< endl;
    return 0;
}
int htod(char s[80])
{   int i, n, num = 0;
    for(i = 0; s[i]! = '\0'; i++)
    {   if( s[i]> = '0' && s[i]< = '9') n = s[i] - '0';
        else if( s[i]> = 'a' && s[i]< = 'f') n = s[i] - 'a' + 10;
        else n = s[i] - 'A' + 10;
        num = num * 16 + n;
    }
    return(num);
}
```

8. 一维数组排序(选择法(及其变种)、冒泡法、*插入法(*前插、*后插))。

9. 一维数组逆置(含整型数组逆置和字符数串逆置等,变形:回文判定等)。

10. 数组归并(或合并),指两个有序数组合并成一个有序数组。例题如实验十四第4题。

11. 一维数组查找(顺序查找、折半查找)。

12. 一维数组插入元素、删除元素。

例1:给定一维升序整型数组 a[10],其前7个值为 0、2、4、6、8、10、12,编一程序,要求做3次循环分别将 −1、8、13 插入到数组,使新数组仍为升序。

例2:删除一维数组中值为 c 的元素。例:输入一个字符串 s,输入一个字符 c,删除字符串中出现的字符 c 后,输出余下的字符。例如输入字符串"warrior"及字符 'r',则结果字符串为"waio"。

13. 求一维数组元素的最大值、最小值、平均值,要求在被调函数中完成,即用数组名做参数,返回计算结果。

14. 扫描一维数组求满足条件的元素个数,如素数个数、偶数个数、正数个数等。

15. 实现字符串基本操作,即自行编写函数完成与系统库函数 strlen(), strcpy(), strcat(), strcmp()相同的功能,如 my_strlen()。

16. 求二维数组元素的最大值、最小值、平均值,要求在被调函数中完成,即用数组名做参数,返回计算结果。

17. 二维数组转置(变种:判是否主对角线对称、求左下右上三角形元素之和)。

18. 二维数组对角线元素之和。可以主对角线和辅对角线分别求和,也可把两条对角线元素之和加在一起,此时若二维数组为奇数阶,数组中心点元素只能累加一次。

19. 二维数组周边元素之和。

算法 1:数组全体元素之和减去内部元素之和。

算法 2:扫描数组全体元素,若元素在周边上,则累加。

20. 扫描二维数组全体元素,求满足条件的元素个数,如素数个数、偶数个数、负数个数等。

*21. 矩阵乘法。

*22. 求方程的根(弦截法,二分法,牛顿迭代法)。

*23. 定积分的计算(梯形法、矩形法)。

附录B 习题答案

第1章 C++概述

1. A 2. B 3. D 4. D 5. B 6. C

第2章 数据类型、运算符和表达式

1. C 2. B 3. C 4. A 5. C 6. A 7. C 8. D 9. C 10. B 11. C 12. A 13. B 14. A 15. C 16. D 17. D 18. D 19. D

第3章 简单的输入/输出

1. D 2. B 3. A 4. D 5. C

第4章 C++的流程控制

1. B 2. B 3. C 4. C 5. A 6. A 7. B 8. C 9. B 10. C 11. C 12. C 13. C 14. B 15. A 16. D 17. A 18. A 19. A 20. C

第5章 函 数

1. C 2. A 3. A 4. D 5. C 6. A 7. C 8. B 9. D 10. B 11. B 12. D 13. C 14. C 15. A 16. D 17. D 18. C 19. D 20. a=28.26, c=18.84

21. 30
    120
22. 5
    3
    7
    8
23. 7
    12
24. 1   4
    -3   4
    -7   4

25. (1) r! = 0 (2) n = r (3) n (4) gcd(m, n) 26. (1) m=3 (2) i−m (3) i<=k (4) x%i==0 27. (1) 10 9 (2) 3 3

第6章 编译预处理

1. B 2. C 3. C 4. B 5. 9,−111 6. 5 7. 42

第7章 数 组

1. C 2. A 3. C 4. A 5. C 6. C 7. D

8. 1   0   4   8   12   65   —76   70   —45   35   100

9.

1

1   1

1   2   1

1   3   3   1

1   4   6   4   1

1   5   10   10   5   1

10. a1b2c3d4efghi

11. 程序功能:将字符串中的字符循环左移 3 位。

输出结果:defabc

12. 程序功能:分别计算并输出主副对角线的和

输出结果:14,16

13. 程序功能:删除字符串中非字母字符,并将大写字母转换为小写。

输出结果:introductiontoprogramingwithc

14. (1) str[i]或 str[i] != '\0' (2) k++ 15. (1) num[i] = n％base (2) i—— 或—— i 16. (1) char s[][80], int n (2) char temp[80] (3) strcmp(s[j],s[p])＞0 (4) int i = 0

第 8 章 结构体、共用体和枚举类型

1. B 2. D 3. C 4. C 5. 0,1,6,7,0 6. (1) student a[],int n (2) student t (3) p = j; (4) i％4＝＝0 7. (1) return —1 (2) break (3) strcpy(stud[i].name,name) (4) Idx = search(stud, n, num) 8. 24897

第 9 章 指针、引用和链表

1. B 2. D 3. D 4. B 5. C 6. A 7. D 8. B 9. D 10. D 11. C 12. D 13. C 14. D 15. B 16. D 17. A 18. B 19. B 20. B 21. C 22. D 23. C 24. D 25. B 26. B 27. B 28. C 29. C 30. D

31. 程序的功能是输出三数中的最大值,

输出结果为:

10,20,30

m = 30

32. 8

33. 1   2   8   7   6

5   4   3   9   10

34. xyabcABC 35. x = 2,y = 4,z = 20 36. 23 37. NanJing is beautiful 38. 2

39. 12345   Zhangwei 98

23456   Liming 88

40. C 41. D 42. C 43. D 44. B 45. C 46. A 47. D

48.6   4   2

49. ABCDEFGHIJKLMNOP

50. 1
    1　　　　1
    1　　　　2　　　　1
    1　　　　3　　　　3　　　　1
    1　　　　4　　　　6　　　　4　　　　1

51.（1）s－>data　（2）p－>next　（3）p1－>next　（4）p－>next　52.（1）double(＊fp)(double)
（2）(fp(a)＋fp(b))/2　（3）fabs(b−a)/n　（4）y＊h

第10章　类和对象

1. D　2. 可以　3. A　4. C　5. D　6. 私有的　公有的　保护的　私有的　或：private　public　protected　private　7. D　8.（1）void setcoord(int, int, int, int);或 void setcoord(int L, int T, int R, int B);　（2）＊L＝left; ＊T＝top; R＝right; B＝bottom;　9. B　10. C　11. B　12. D　13. D　14. 2，1+3i，3−5i，15. C　16. 13A23B　17. D　18. A　19. 缺省/默认　20. 2　1　21. A　22. 1233　23. D　24. 8次　25. D　26. C　27. Complex(8.0)　28. C　29. C　30. C　31.（1）strcpy(this－>name, name);　（2）this－>score＝score;　或（1）strcpy(student::name, name);　（2）student::score＝score;　32. 第一行{2,4,6,8,10}，第二行1，第三行0，第四行{2,4,6,8,10,3,5,7,9}　* 33. 12

第11章　类和对象的其他特性

1. B　2. 2　3. 28　4. D　5. D　6. B　7. C　8. B　9. 1,1,1　1,2,2　10. friend　友元　11. A　12. B　13. C　14. A　15. A　16. D　17. const　18. A　19. C　20. C　21. C　22. D　23. A

第12章　继承和派生

1.（1）单一　（2）多重　2.（1）私有　（2）公有　（3）保护　（4）公有　（5）公有　3. B　4. C　5. D　6. B　7. A　8. B　9. A　10. B　11. B　12. B　13. C　14. 4312　15. B　16. C　17. C　18. C　19. C　20. C　21. D　22.（1）（2）均为 virtual public/protected/private A 或 public/protected/private virtual A　23. ABACD　24. 0

*第13章　多态性

1. 重载　2. A　3. A　4. A　5. B　6. D　7. C　8. C　9. C　10. C　11. D　12. B　13. C　14. Complex(x＋p.x, y＋p.y);　15. Fraction f(−num, den);　16. bool operator>　17.（1）Fraction operator−−(int);　（2）Fraction& operator−−(Fraction&f);或 Fraction operator−−(Fraction&f);　18.（1）a.operator++(int)　（2）operator++(a)　19. B　20. return out　21. D　22. C　23. A　24.（1）构造　（2）类型转换　25.（1）缺省构造函数　（2）拷贝构造函数　（3）赋值运算符重载函数　（4）析构函数　26. C　27.（1）delete []strp　（2）return ＊this;　28. D　29. bool operator<(Word w)或 bool operator<(Word &w)　30. B　31. D　32. DBDDB　33. C　34.（1）不可以　（2）可以　35. D　36. DMBDMB　37. B　38. B　39. B　40. Unknown 住在 Nanjing

第14章　输入/输出流

1. C　2. A　3. D　4. A　5. B　6. D　7. A　8. A　9. C　10. D　11. B　12. B　13. D　14. D　15. A　16. C　17. C

*第15章　模板

1. C　2. C　3. C　4. B　5. D　6. B　7. A　8. A　9. C　10. D　11. C　12. B　13. A　14. C　15. A　16. A　17. D　18. C　19. B　20. D　21. C　22. B